国丝服饰论坛

NSM Costume Forum

服饰史研究的

回顾与展望

主 编 赵 丰
副主编 王淑娟

东华大学出版社

·上海·

图书在版编目（CIP）数据

服饰史研究的回顾与展望 / 赵丰主编 . –– 上海：
东华大学出版社 , 2022.9

ISBN 978-7-5669-2059-1

Ⅰ . ①服… Ⅱ . ①赵… Ⅲ . ①服饰—历史—研究—中
国 Ⅳ . ① TS941.742

中国版本图书馆 CIP 数据核字 (2022) 第 163978 号

策划编辑：马文娟
责任编辑：张力月
装帧设计：上海程远文化传播有限公司

服饰史研究的回顾与展望
FUSHISHI YANJIU DE HUIGU YU ZHANWANG

主 编 赵 丰　　副主编　王淑娟
出版：东华大学出版社（上海市延安西路1882号，邮政编码：200051）
本社网址：http://dhupress.dhu.edu.cn
天猫旗舰店：http://dhdx.tmall.com
营销中心：021-62373056
印刷：浙江海虹彩色印务有限公司
开本：710mm×1000mm　1/16
印张：12
字数：308千字
版次：2022年9月第1版
印次：2022年9月第1次
书号：ISBN 978-7-5669-2059-1
定价：98.00元

序

　　服饰文化是人类各民族传统文化的重要组成部分，认识和传承服饰文化是我们了解人类文明、弘扬传统文化的重要方面。虽然服饰看起来与织物走得那么近，但我的本行是从事丝绸史和纺织史的研究，以织物组织结构或织造技术为主，离服饰史还是有相当的距离，不敢轻易介入。记得刚到中国丝绸博物馆时，曾参加过一次在湖北荆州召开的、由王㐨先生主导的中、日、韩三国的东亚地区的服饰史论坛，但当转场到其他地区召开时，我未去成，也就离开了服饰史的圈子。

　　当然，在中国丝绸博物馆，还是要与古代丝绸打交道，研究服饰的机会总会有的，只是自己关注服装款式并不多，关注面料织造更多一些。特别是在分析鉴定或修复保护出土的丝绸文物时，通常会把面料和款式当作一个整体来看，有时借着记录面料的机会，也对服装款式作些考证，但依然不多。

　　近10年来，服饰史特别是中国服饰史的浪潮变得越来越热，习近平总书记提出实现中华民族伟大复兴的中国梦，民间各地也兴起了汉服运动，开始了传统服饰的研究讨论。而学术界也不甘示弱，服饰史的教学研究从中国纺织大学（现东华大学）到北京服装学院，大江南北也形成了若干个分散的中心，就连中国国家博物馆德高望重的孙机先生也出山主持了一系列的服饰论坛，并主导策划了"中国古代服饰文化展"，极受欢迎。此时此刻，我想中国丝绸博物馆也应该有一个以服饰史论研究为主的平台了，于是就有了这个"国丝服饰论坛"。

　　论坛的宗旨是为了加强交流互鉴，弘扬服饰文化。2021年，我们举办了第一次服饰史的论坛，邀请了全国乃至国际服饰的收藏者、保护者、研究者、教学者，包括设计师和推广者共同参加，但事实上也是为了与远在北京的中国国家博物馆呼应，展示出中国丝绸博物馆在服饰史研究中的力量。

但这一次论坛做什么，我们按学术的规矩，还是应该从学术史开始做起。所以首届"国丝服饰论坛"以"服饰史研究的回顾与展望"为主题，拟从学术回顾或个案研究等角度对服饰的研究史、方法论等进行深入综述与探讨，回顾历史、分析现状、面向未来，提出问题、展开讨论、探索前行。

为了使这个论坛更具有全国性，我一方面向孙机先生作了汇报，得到了他的支持，虽然他本人因为年事已高，不能再莅临论坛；另一方面也尽可能地联络了国内最为重要和有代表性的服饰史学者，并按其所长的领域将论坛内容分成几个版块。

第一版块是主旨报告，讲的都是最为宏大的领域，包铭新讲中国服装史研究的范畴和方法，李当岐讲中西对比的服装史，刘瑞璞讲中国服装的技术史及理论。

第二版块是以考古或实物的服饰为主要资料的研究工作。赵丰从织物角度出发讲了古代服装形制的研究，王淑娟则从修复保护的角度讲了文物修复过程中的服饰研究。原本还应该邀请到李文瑛讲新疆史前考古服装、严勇讲明清服饰的研究，但因为疫情等原因没能出席。

第三版块是关于近代服饰史的研究，大部分都是近100年的服饰。其中贺阳专门讲了苗族蜡染纹样结构与绘制程序，龚建培讲了民国服装史研究的现状和走向，崔荣荣试图从新视域对传统服饰文化的传承脉络进行理论建构，卞向阳的研究已进入到当代服饰史的领域，而郑巨欣则对日本近现代服饰史研究作了一次剖析，从方法论的角度谈对中国近代服饰的启示。

第四版块的主题是服饰史研究在今天的应用，邀请的是几位相对年轻和活跃的专家。贾玺增谈的是服装史教学的知识体系构建与教材建设，陈诗宇谈的是近年来服饰史研究、复原在影视作品中的呈现，董进谈的是服饰史研究及服饰文物展对当代传统服饰回归运动特别是汉服运动的影响，都是新鲜并有趣。

其实所有这些论坛，最后希望指向的，都是今后服饰史研究的主要问题与任务。所以我们也在论坛结束后还专门召开了圆桌会议，邀请了前面四大版块的讲者，以及扬之水等学者一起进行讨论。

今天，2021"国丝服饰论坛"已经过去一年有余。在各位讲者的大力支持下，由王淑娟为主收齐了稿子并进行了编辑加工，形成了本次论坛的论文集。因为主题是学术史，所以又请蒋玉秋和王业宏两位编辑了主要服饰史的主要论著目录，作为附录。由于沈从文是中国服饰史的开山鼻祖，我从王丹女士收藏的沈从文给其先父王矛先生信中集了"国丝服饰论坛"的字作为论坛标识。

是为序。

2022 年 9 月 3 日

目录

主旨报告

服饰史研究的回顾与展望
NSM Costume Forum

中国服装史研究的范畴和方法
——回顾、现状和展望

包铭新[①]　李甍[②]

摘要：本文回顾了中国服装史研究的发展历程和现状，特别关注于其范畴和方法的变化，并略作展望。

关键词：中国；服装史；研究史；范畴；方法

一、服装史研究的范畴、材料和方法

服装史主要研究服装本身，包括它的造型、结构、材料、制作、色彩、肌理、纹样，以及与其穿着方法、象征意义和社会功能等相关的事件、人物和现象。作为历史研究的一个分支，上述内容一定是被置于时间维度上来进行观察、分析和归纳的，以寻求事实和规律。

服装史研究的基本材料可以分为三大类：文献、图像和实物。在很长一段时间内，中国服装史的研究主要依赖文献。一方面，中国服装史的文献非常丰富，而且连续性也比较好（相比于其他国家或其他物质史领域）；另一方面，这也是中国历史学研究的悠久传统。近几十年来，研究人员对图像和实物越来越重视，几乎出现不仅仅是三分天下，而且要后来居上的局面。沈从文先生把图像和实物归为一类。*The Fashion System* 的作者、法国学者罗兰·巴特的观点与沈先生一样。但笔者觉得这两种材料还是分开比较好。因为图像是间接的、视觉的；而实物是直接的，而且有肌理、有结构、有成分，可以利用现代科技手段定性、定量，进行更为精确的分析和鉴定。

因中国服装史研究具有跨学科性，从而决定了其研究方法的综合性。使用最久同时也是最基本的方法，还是在历史文献中钩沉索隐、去伪存真、见微知著这些传统手段。对于实物中的出土文物，我们要用考古学的方法，以挖掘分层和器型作为时代划分和器物形制的判断；又因为染织服饰包涵有很丰富的美术元素，我们要特别多地借用美术考古的手段。

---

① 包铭新，东华大学服装与艺术设计学院教授，博士生导师，研究方向：服装史论。
② 李甍，东华大学服装与艺术设计学院教授，研究方向：服装史论。

相应于图像研究，我们就要关注图像学的很多原则和方法。此外，当代服装史研究的范畴不断扩展，牵涉宗教学、人类学、社会学、社会心理学等学科以及音乐、舞蹈、戏剧、电影、雕塑、绘画、摄影等艺术领域。

二、中国古代和近代的服装史研究

中国服装史之研究开始甚早。古代的服装史研究关注的对象是服装制度和制度中的服装。中国古代社会把车舆服饰制度作为国家礼仪制度最重要的组成部分之一，而后者是历代统治者用以取得政权正当性和社会稳定的手段。因此，每当新政权建立之初，统治者必须召集熟谙前朝制度之学者（以儒生为主），参照历代服饰制度，释以阴阳五行之说，来设计、厘定新的制度。于新朝大致稳定以后，统治者又会组织饱学（主要是历史学）之士，撰写前朝历史。中国古代正史的撰写，一直含有服装史的内容。《史记》中虽未列舆服，但在"本纪""列传"和"志"中多服饰相关内容，开后代舆（车）服志之先河。东汉永平二年（59）首次用舆服令来规定帝王百官的服饰制度。此后各代正史中都列入此项内容，或以"车服志""礼仪志"和"仪卫志"称之。这是中国古代独有的服装史研究传统。

唐以来，各代政书如十通、会要、会典和其他典章中也有相类似的服装史研究的内容。后人对前人所作正史"舆服志"所作考释，以及类书、辞书中的与服装相关的内容，亦可视作古代服装史研究的成果。除了文字，中国古人也从视觉的角度传达服饰信息。类书中有一些是插图书籍，按照品类编排，每种物品都有插图，再配以文字说明和历史讲解，例如《三礼图》《三才图会》等。此外，古代和近代也有一些具有服饰史研究性质的专门论著，如宋绵初的《释服》、黄宗羲的《深衣考》、陆心源的《补服考》、任大椿的《弁服释例》和《深衣释例》等。

三、二十世纪中前期的服装史研究

二十世纪中前期出现了一些带有资料性的中国服装史整理研究成果。如杨荫深的《衣冠服饰》（1945），这是一本较早的系统研究历代服饰的专题论著，按照袍、裘、衫、衣料、首饰等二十个服饰门类，论述其历史起源、古代文献记载、演进情况等。还有张末元的《汉代服饰参考资料》（1960），原意大多是为艺术工作者需要创作历史作品时提供当时人物形象的参考。

四、对中国服装史研究有重大影响的考古发掘报告

新中国成立以来，考古工作进展很大，取得了丰硕的成果。其中有一些对中国服装史研究具有较大的推动作用。

1956年发掘明定陵，出土了大量明万历时期的皇家服饰和染织品，吸引了很多学者的关注。《白沙宋墓》（1957）、《长沙马王堆一号汉墓》（1973）、《福州南宋黄昇墓》（1982）、《江陵马山一号楚墓》（1985）陆续发表。其中后三者所录出土纺织品、服饰众多，对服装史研究有重大影响。这也是现代纺织科技界介入纺织品服饰考古发掘和研究的开始。上海纺织科学研究院的高汉玉参与了长沙马王堆出土墓主服饰上的绒圈锦和福州黄昇墓服饰上的多种加金缘饰的分析和定性；上海的华东纺织工学院的赵书经参加了江陵马山一号楚墓出土的"针织绦"的分析和鉴定。他们与考古工作者一起，对中国古代服饰面料纺织品的研究提出并实行了新的方法。

除了能够直接接触到服装的材料、结构和加工手法外，这些重要墓葬出土的服饰往往完整且有序，清晰展示了古代服饰的穿戴方法、层次和次序等。例如1998年发掘的金代齐国王墓，男女墓主的多层服装保存完好，是研究金代服饰的珍贵资料，出土服饰专题报告《金代服饰——金齐国王墓出土服饰研究》于1998年出版。2016年发掘的赵伯澐墓是继黄昇墓之后又一个重要的宋代墓葬。赵伯澐敛葬时身穿八层衣物，使研究者们对宋代男装的结构和层次有了更多新的认识。

五、沈从文的《中国古代服饰研究》

沈从文的《中国古代服饰研究》（1981）是中国服装史研究的里程碑式的成果。1992年的增订本由王㐨补充了大量的文字和图片。这是一本充分利用了当时可利用的文献、图像和实物，全面深入反映中国古代服饰面貌和发展脉络的通史性质的巨著。随后相继问世的类似通史性质

的研究成果有周锡保的《中国古代服饰史》（1984），周汛、高春明的《中国历代服饰》（1984），黄能馥、陈娟娟的《中国服装史》（1995）和《中国历代服饰艺术》（1999）等。其中周锡保对文献仍多倚重，插图多为他自己根据实物或图像所作白描。周汛等人擅长绘图，其书中有大量彩绘服装平面图，这些图的重绘本身就建立在对文物深入仔细的分析研究的基础之上。

服装的专题史和断代史大多出现较迟。其中较早的有王宇清的《历代妇女袍服考实》（1975）。随之而来的有周汛、高春明的《中国历代妇女妆饰》（1988），刘永华的《中国古代军戎服饰》（1995）和宗凤英的《清代宫廷服饰》（2004）等。

六、中国服装史研究的新进展

二十一世纪初，中国服装史研究迎来新局面，不少提出新观点、发现新材料和使用新方法的成果纷纷出现。兹择要回顾如下。

孙机对舆服制度的研究回应并深化发展了这个古老的领域。他的《中国古舆服论丛》（2001）引发了对中国古代服饰制度和礼仪服饰研究的新热潮，2013年又出版了增订本。政治史学者更多关注的是服装与官僚等级制度之间的关系，出版和发表了一系列著作和论文。例如阎步克的《服周之冕——〈周礼〉六冕礼制的兴衰变异》（2009）、《官阶与服等》（2010），任石的《宋代文官的冠服等级——兼谈公服制度中侍从身份的凸显》（2019）等。韩国学者崔圭顺的《中国历代帝王冕服研究》（2008）是对中国古代冕服研究较为全面的著作。东华大学李甍团队2003年承接了"历代《舆服志》图释"项目，已经出版《历代〈舆服志〉图释（辽金卷）》（2015）和《历代〈舆服志〉图释（元史卷）》（2017）。

扬之水关于中国古代服饰特别是金银首饰的名物研究做得非常细致，将文献中的相关服饰名目与图像和出土（或传世）实物相互比对，其成果突出，吸引了不少追随者。

断代史的研究也有了新的进展，明代服饰的研究成果较为突出。近年出版的著作对于明代礼仪服饰、形制和结构有较为深入的分析，例如撷芳主人董进的《大明衣冠图志》（2016）、蒋玉秋的《明鉴——明代服装形制研究》（2021）等。

由于古代少数民族服饰文献较少，服饰实物的遗存亦不多，且出土存偶然性，时空分布不尽如人意，图像的时间连续性亦较差，所以研究难度较大。但敦煌洞窟壁画延续 1000 余年，其中鲜卑族、回鹘族、吐蕃族、蒙古族等民族都曾在此留下痕迹。包铭新及其团队的《中国北方古代少数民族服饰研究》（2013），分匈奴／鲜卑、回鹘、契丹、吐蕃／党项／女真、元蒙五卷出版，丛书综合各种研究材料和方法，取得了初步的成果。

复原也是服装史的一种研究方法。要把服饰实物做出来，必然要对文物标本进行穷尽式的分析，这个过程有助于发现问题，加深对文物的理解。2006 年东华大学师生与新疆文物考古研究所、新疆维吾尔自治区博物馆等机构合作，开始丝绸之路出土古代服饰复原的初步尝试。近 10 年来，国内陆续出现专业的服饰复原团队，令人欣喜。例如装束复原小组、扬眉剑舞复原团队等。这些团队中的成员各有所专，包括服饰史、美术史、手工艺制作等。复原的范围也逐渐扩大，不仅仅是历代服装，还包括发型、妆容以及相关器物。

以中外服装史互为参照的研究也是一个难题。中国美术学院的郑巨欣和清华大学美术学院的贾玺增对此都有突破，分别于 2000 年和 2016 年出版了专著。

此外，中国服装史研究的参考资料性质和工具书性质的著作也出现不少。如李之檀的《中国服饰文化参考文献目录》（2001）、包铭新等人的《中国染织服饰史文献导读》（2006）和《中国染织服饰史图像导读》（2010），都对中国服装史研究的方法论作出了一定的贡献。

七、中国服装史研究的外延

中国服装史研究，就古代部分而言，仅与戏剧服饰、服饰美学等领域相关性较高；其主要的外延，发生在近代部分。因服装服饰研究领域的边界模糊，所以就有了时装摄影史、时装插画史、时装表演史、服饰人类学等分支领域的产生，但是其内涵尚浅，不够丰满，成果多为通俗读物，需要研究者不断深入。

八、中国服装史研究的专业队伍和社会基础

二十世纪七十年代末开始，上海的华东纺织工学院（现东华大学，主要导师周启澄）和上海市纺织科学研究院（现上海纺织控股（集团）公司，主要导师高汉玉）联合招收纺织史方向的研究生。几乎同时，杭州的浙江丝绸工学院（现浙江理工学院，主要导师朱新予）开始招收丝绸史方向的研究生。这些学生毕业后或留校当教师，或去博物馆等专业机构工作。他们当中不少人，把自己研究的范围扩展到服装史。他们与他们所指导的硕士和博士，已经成为中国服装史研究的生力军，与来自历史学、考古学和语言学领域的年轻一代互相融合交流，组成了强有力的专业队伍。

同时，社会大众对中国服装史的兴趣和关注度日益增加。服装院校、服装史专业的报考人数增加，博物馆的历史服饰展览受到欢迎。各地群众自发的"汉服运动""旗袍协会"也蓬勃发展。中国服装史研究的可持续发展令人期待。

割幅成器
——承载中华民族源远流长的共同基因

刘瑞璞①

摘要： 中国服装的历史就像汉字一样源远流长没有断裂，"割幅成器"的服装结构如同象形文字结构一样成为中华民族的共同基因。传统理论通常视此为一种匠作现象，学术一定要从"古者深衣，盖有制度"的礼乐宗法中去寻找答案，或以"制十有二幅，以应十有二月"（一年十二个月）的天相去考证，考古学的繁荣让现实的学术生态改变了很多。通过古代服装"制术"文献和实物考古的梳理，表明割幅成器的普遍存在既不是礼乐宗法，更不是天相学，甚至不是"术规"。北大藏秦简《制衣》释读给出了答案，以交窬记述割幅成器的原理，表明秦朝一统除书同文、车同轨之外还有"幅成衣"，并延续至明清，甚至隐藏在今天的旗袍结构之中。值得研究的是"割幅成器"非仅汉统，今天的西南民族传统服装甚至藏袍古法结构所保存的古老遗风，都表现出"十字型平面结构中华系统"的多元化形态，这种如同汉字的民族自觉和坚守初心却来自一个普世的动机——节俭。

关键词： 割幅成器；象形文字；礼制；节俭

"工欲善其事，必先利其器"，服装科技史的裁剪工具一定是刀在先，剪在后，所以"割"先于"剪"，割在织物产生之前就发生了，如石器时代的割皮成器。幅即布幅，一定是纺织物产生之后才有"幅"的概念，这也一定在剪刀发明之前，因此割皮成器的惯性也一定以"割幅成器"的方式延续着。《汉书·传·蒯伍江息夫传》："初，充召见犬台宫，自请愿以所常被服冠见上。上许之。充衣纱縠禅衣，曲裾后垂交输，冠禅纚步摇冠，飞翮之缨。"如淳曰："交输，割正幅，使一头狭若燕尾，垂之两旁，见于后，是《礼·深衣》'续衽钩边'。贾逵谓之'衣圭'。"苏林曰："交输，

---

① 刘瑞璞，北京服装学院教授，博士生导师，研究方向：服装符号学。

如今新妇袍上挂全幅缯角割，名曰交输裁也。"[1] 可见，充的禅衣，"曲裾后垂交输"是"割正幅"完成的。"正幅"指一个布幅，裁的方式是割而不是剪，说明"割幅成器"在汉以前是制衣的主要技术手段。所谓割要寡用，幅要奢（整）用，当然这也需要一系列的考古发现和史料证据，人类原生服装贯首衣就是个力证。值得研究的是，不仅象形文字一路走到今天，中华服饰文化中也一定有些"基因"延续了近5000年，如"十字型平面结构"形态的中华系统绵延不断，也就是说"割幅成器"也像我们今天使用的汉字一样深藏在这种文化之中。

一

为什么"幅要奢（整）用"。段玉裁《说文解字注》释幅："布帛广也。凡布帛广二尺二寸，其边曰幅。"《左传·襄公二十八年》曰："夫富如布帛之有幅焉，为之制度，使无迁也。"

秦王朝除了书同文，车同轨，还有一个幅成衣，历代舆服志的修典正是由此开始（东汉正式颁修《舆服志》），而服制是以布幅标准为基础的。秦国律法确立二尺五寸布幅标准，北大藏秦简《制衣》记载："布袤八尺，福（幅）广二尺五寸。布恶，其广袤不如式者，不行。"《睡虎地秦墓竹简·秦律十八种·金布律》也有"布袤八尺，幅广二尺五寸"的记载，是指一幅袤八尺为"一布"当十一钱，这就是秦律十一进位制货币体系的由来。到汉律定制布幅为二尺二寸，这种制衣的度量单位到明清也没有根本改变，今天华服裁缝惯用的市尺就是由此而来，可见"幅要奢用"的意义。事实上每个朝代的布幅都不尽相同，它取决于织机和纺织技术的水平。随着纺织技术的进步，总的趋势是布幅越来越宽，而更重要的是裁剪要充分利用布幅，此方面暂无记载，实物考古是破解谜题的最直接证据。

最具标志性的是湖北江陵马山一号楚墓出土的战国縱衣，它作为冥器出土并未得到学界重视。沈从文先生在《中国古代服饰研究》中描述："整件衣服系用宽约51厘米，长约57厘米的独幅织物剪折制成。材料的利用极其充分，同时又能不失细节的表现。虽一冥器，显然已形成了常规制作方法，它反映着某种服装的基本形制。"所谓"剪折制成"，就是割正幅折袖衣成型，从结构形制上看，可以说是古贯首衣的升级版

（图1）。这种判断不仅在先秦墓葬的发掘中得到证实，发现深衣制的袍服普遍采用这种结构形制，而且也在其他服装类型上广泛运用，甚至也发生在鲜为学界关注的先秦西南少数民族服装中。例如在四川悬棺葬中发现的春秋战国时期的上衣下绔套装，根据形制判断，它们与江陵马山一号楚墓出土的縰衣结构相同，皆用独幅织物"割折"而成，特别值得研究的是绔制结构是用一个布幅毋需裁割，只需"折"而制成，这种比割幅成器更原始的"折术"结构在今天的西南民族中仍有保留，堪称"折

贯首两种基本结构

两种贯首衣

縰衣结构的割幅成器

单位：厘米

图 1 战国縰衣（《江陵马山一号楚墓》报告）

幅成器"的活化石（图2）。可见割要寡用甚至不用，都是为了善幅求整，这不仅是"且夫富，如布帛之有幅焉，为之制度，使无迁也"（《左传》），也是圣贤的美德，"备物致用，立成器以为天下利，莫大乎圣人"（《周易·系辞上》）。这说明在先秦，富之幅焉修成自觉就是圣贤追求的境界，但"为之制度"才能保持和传承下去。进入汉代，结构形制是在上衣下裳深衣制的基础上发展出曲裾和直裾，但割幅成器不仅没有改变，反而被发扬光大了，或者说汉代成为割幅成器从生存动机发展到礼制的集大成者，湖南长沙马王堆一号西汉墓出土的曲裾袍、直裾袍都可以通过割幅成器解读它们的结构，那件经典的印花敷彩纱直裾绵袍可以说是江陵马山一号楚墓襜衣结构的升级版。从史前贯首衣到楚人的襜衣，再到汉人的深衣，在结构形制上，虽从简入繁，但史脉清楚，虽经历了两大中华文明的高峰先秦与汉，但割幅成器的初心未改（图3）。那么割幅成器是怎么从生存动机发展成礼制的？

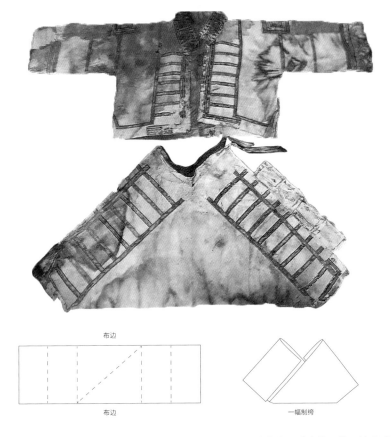

布边

布边

一幅制绔

图2　春秋战国时期的上衣下绔套装和折幅成器结构图（黄能馥《中华历代服饰艺术》）

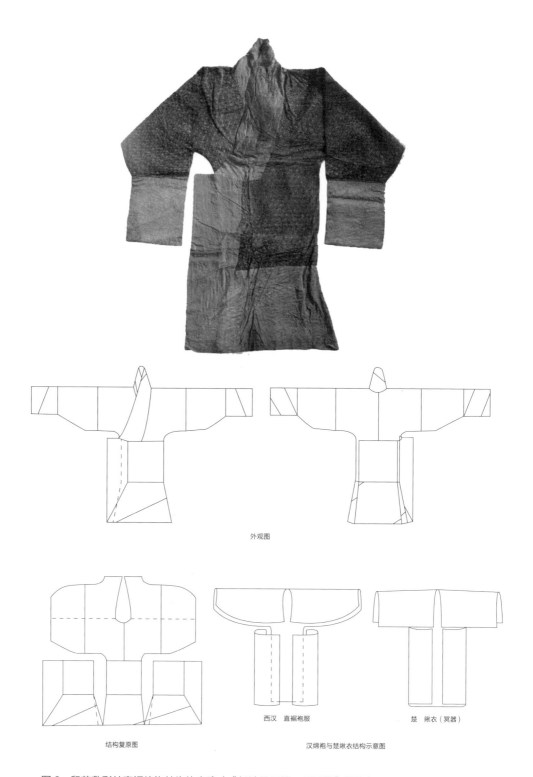

外观图

结构复原图

西汉 直裾袍服

楚 襝衣（冥器）

汉绵袍与楚襝衣结构示意图

图3　印花敷彩纱直裾绵袍结构的史脉（《长沙马王堆一号汉墓》报告）

　服饰史研究的回顾与展望

二

最值得解读的是深衣的割幅成器。自先秦西汉经典《礼记·深衣》后，经朱子、吴澄、朱右、黄润玉、王廷相五家进行的深衣图说，深衣研究在明清进入考据阶段，具有代表性的有明末清初黄宗羲的《深衣考》、清朝江永的《深衣考误》和其弟子戴震的《深衣解》。无论哪种研究与考证，他们都对上衣下裳深衣制的"裳制"感兴趣。"裳制"的核心在《深衣考》中为"交解"，《深衣考误》中为"交裂"，《深衣解》中为"交输"。实际只是叫法不同，原理是一样的，它们都有"交"字，意为斜割，解、裂、输是分割的意思，但这并不意味着它们可以自由的"斜割分解"，而是要在一个幅宽内通过算法设计"阔狭"尺寸作斜割。黄宗羲《深衣考》对交解有"裳六幅。用布六幅，其长居身三分之二，交解之，一头阔六寸，一头阔尺二寸，六幅破为十二，狭头在上，阔头在下，要中七尺二寸，下齐一丈四尺四寸"[2]的记载。其中有四寸缝份共计二尺二寸，即一个布幅。依据文献记载的指引，还可以还原深衣"裳制"的结果（图4）。

实际上"交解"是一种算法，根据裳（裙）造型的需要（主要以摆阔的大小和分布要求）设计交解算法，但有一个前提是不能改变的，就是必须在一个布幅内完成，这就解决了"幅要奢用"割而变之的割幅成器技术问题。江永《深衣考误》的"正裁"和"交裂"，其实都是"交解"不同的算法。从文献中的数据设计和图示来看，《深衣考误》和《深衣考》是两种算法，其中一种就是正裁（图5）。戴震《深衣解》与《深衣考误》的"正裁与斜裁"没有区别，只是交输和交裂算法的不同，交输算法下的侧摆更为宽阔（图6）。

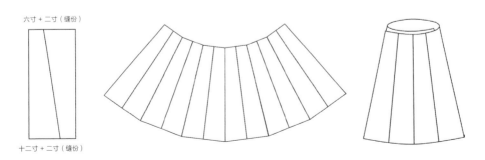

六寸＋二寸（缝份）

十二寸＋二寸（缝份）

图4　黄宗羲《深衣考》裳制交解的还原

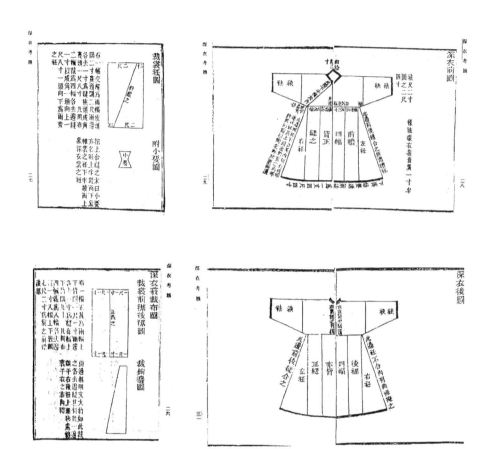

图 5　江永《深衣考误》裳制的正裁和斜裁的交裂

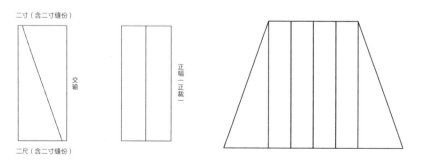

图 6　戴震《深衣解》裳制中正幅和交输的示意图

如果将三者深衣"裳制"的交解、交裂和交输图说进行梳理可发现，它们都没有脱离"六幅破为十二"，这便是现代研究者如获至宝的地方。依据古代经典《礼记·深衣》："古者深衣，盖有制度，以应规、矩、绳、权、衡。……制十有二幅，以应十有二月。"[3]

2001年12月，江西明代宁靖王夫人吴氏墓出土了妆金凤纹团补鞠衣。鞠衣为盘领上衣下裳深衣制，通过对标本的信息采集、测绘和结构复原发现，"裳制"为典型的交解算法，与明末清初黄宗羲《深衣考》的考证如出一辙，也是"六幅破为十二"，只是鞠衣交解的阔狭尺寸反差更大，而使裳摆更加突出（图7）。献证物证都指向了"制十有二幅，以应十有二月"的天象礼制。然而，包括秦在内的先秦考古发现与文献有很大的不同，比《礼记·深衣》时间更早、更具一手史料，使之又成谜题，或许更远离"制十有二幅，以应十有二月"礼制的结论，而更接近于"割幅成器"的"生存"动机。

三

北大藏秦简《制衣》释文的发表，为认识中国古代服装割幅成器思想提供了更广泛、更具体、更深刻的视域。初步研究显示，简牍的抄写年代大约在秦始皇时期，很可能出自湖北中部江汉平原地区的墓葬。[4]竹简共318枚，其中含《制衣》简27枚，649字，详细记录了各种服装的形制、尺寸和裁剪算法。在裁剪算法中，记录了一个重要"术规"，即交窬，这一发现或许为明清学者考证深衣的交解、交裂、交输提供了源头。依据释文复原实验表明，它们在原理上并没有什么区别，但在施用范围上，《制衣》简交窬所记录的远远超出单一深衣范畴，几乎涵盖了所有服类品种，包括下裙的大窬、中窬、少窬，上襦的大衣、中衣、小衣和大襦、小襦，还有前袭和绔等。[5]"交窬"在《制衣》简中作为专用词汇占很大比例，特别在裙（窬）和绔中作了详细的记述。

裙，大窬四幅，交窬成八裂；中窬和少窬皆三幅交窬成六裂。其中没有一个如明清深衣考严格执行"六幅破为十二""制，十有二幅以应十有二月"的案例。交窬与交解、交裂、交输虽然都应用算法不同的原理，但秦简《制衣》交窬中从未出现"正裁（正幅）"的算法，这说明清学者深衣考据是值得怀疑的，以大窬为例：

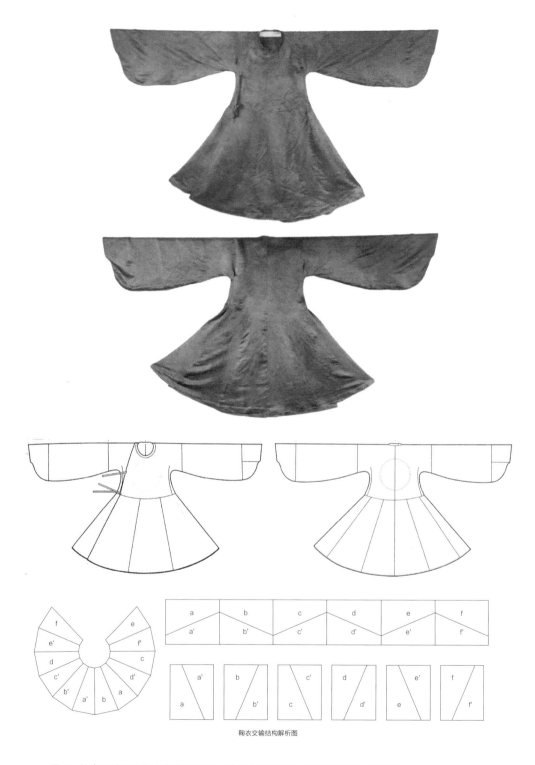

鞠衣交输结构解析图

图 7　妆金凤纹团补鞠衣为典型六幅交输破十二深衣制（江西省考古研究所藏）

"大衰四幅，初五寸，次一尺，次一尺五寸，次二尺，皆交襡，上为下=为上，其短长存人。"

　　释文：大衰为四幅，裁为八幅，依照初五寸、次一寸、次一尺五寸、次二尺的数，每幅交解之，长短因人而定，依狭头（腰长）在上，阔头在下排列。[6]

　　从以上信息可以得出这样的判断：首先不论是大衰、中衰还是少衰，幅宽是不变的，即二尺五寸，也是交襡的秦律单位，只是用四幅和三幅的区别；其次，交襡算法不同，实际四幅采用了两种阔狭头宽窄不同的算法，按照大衰的造物逻辑，阔狭头反差小的居中，反差大的居两侧，这可以说是大衰割幅成器的完美设计。对比明末清初黄宗羲《深衣考》的交解图示和明中期宁靖王夫人吴氏墓出土的妆金凤纹团补鞠衣"裳制"交解复原结果，后者用六幅阔狭交解规整算法破十二，更倾向于"制十有二幅，以应十有二月"。如果对比清江永《深衣考误》的交裂图示和戴震《深衣解》的交输图示，发现它们都存在两个正幅（正裁），这无论在秦简《制衣》的交襡算法中，还是先秦的考古发现都没有相应的证据，是否可以认为，汉以后的文献有偏差？从技术和造型逻辑来看，正裁完全违背了"交"为斜裁的原则，也丧失了"割幅成器"的精神，因为在一个布幅中间分割再拼接，不仅破坏幅（能全勿割），亦不能成器（割幅不成器）。或许对古"交襡"阔狭头依式不同各取算法的误读，而变成戏作"制十有二幅，以应十有二月"的后果。按照大衰四幅交襡成八幅阔狭头对应排列，图8中展示了前八幅，实际还有后八幅，因交襡算法相同故略之，共十六幅。中衰、少衰各三幅交襡成六幅，加上后六幅，故各为十二幅，这便呈现了不同衰交襡的实际样貌。

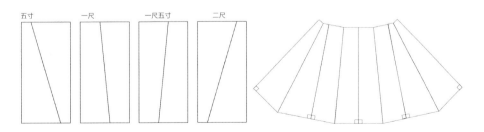

图8　秦简《制衣》大衰交襡，割幅成器算法的复原

如果说袤的交裳还有礼制的话，即大袤四幅，交裳破八乘二，共十六幅；中袤和少袤均三幅，交裳破六乘二，共十二幅。绔的交裳恐怕就是割幅成器的本真了。

根据《制衣》简制绔所记："裚绔长短存人，子长二尺、广二尺五寸而三分，交裳之，令上为下＝为上，羊枳毋长数，人子五寸，其一居前左，一居后右。"

大概释意：制裤长短依人而定，在二尺五寸布幅内，两腰（子长）共二尺而三分，并上下三分法相反相同而交裳，羊腿形状的裤腿（羊枳）无长短，将交裳后的五寸裆布（人子），一片置于前左裤片，一片置于后右裤片。依据释意可以完整地复原绔的结构，如此复杂的结构也是通过交裳完成，最主要的目的是使面料实现了零浪费，虽然很难与礼制挂上钩，但这就是割幅成器本质的内容——"俭"（图9）。

交裳不是因为"礼"而存在，而是因为"善幅"而存在，也就是幅要奢用。在深入研究已发掘的古代实物样本或重要的学术发现时，需要注意两点：一是强调专业研究，二是注意结构指标。交裳思想的发现普遍得益于此。如湖南长沙马王堆一号汉墓出土的印花敷彩纱直裾绵袍中的襟缘、袖缘和摆缘统采用斜裁，但发掘报告提供的复原结果为无法实现斜裁。以袖缘为例，实验表明它们是通过交裳来实现斜裁的。斜裁的作用会使面料的弹性增加而变得柔软并易加工，故通常用在缘边，这种在现代服装中常用的技术手段，实则在 2000 多

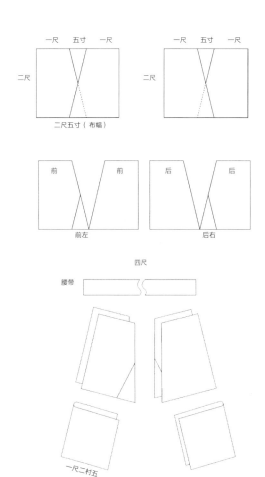

图 9　秦简《制衣》裚绔交裳的复原

年前的西汉就已出现，更匪夷所思的是，古人的这种交裳的智慧今人却一无所知。如果只根据实物，而没有了解割幅成器的概念和掌握相应的技术，则无法破解在一个布幅中实现斜裁的秘密，这也导致了发掘报告的误读。秦简《制衣》交裳的发现给了我们一把解读的钥匙。根据交裳算法在布幅内（无论幅宽多少）"令上为下＝为上，交裳之"的原理，只是处在布幅对角线交裳算法的时候就实现了斜裁，最后将分割的两个部分（布边与布边）缝合就完成了袖缘斜裁（图3、图10）。襟缘和摆缘也都可如法炮制。按今天的标准评价，这件西汉直裾袍服的斜裁技术也是大师级的，交裳的零浪费是今人望尘莫及的。它虽然在中原汉地的漫长历史进程中渐成消失（或与物质越发丰盈有关），却在不发达的少数民族服饰遗存中传承着。

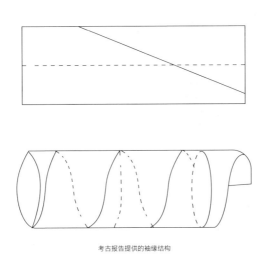

考古报告提供的袖缘结构

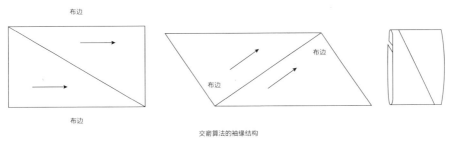

交裳算法的袖缘结构

图10　西汉印花敷彩黄纱直裾绵袍斜裁交裳算法的袖缘结构

四

在我国少数民族服装结构的系统研究中，丰富的"割幅成器"现象是偶然发现的，这在西南民族服饰研究中很具代表性。更值得关注的是高寒地区的古典藏袍，甚至可以将其视作先秦交襋在现代藏族文化中的遗存。

代表作为《安多和康巴藏族服饰》(TIBETAN DRESS IN AMDO&KHAM)的研究中国西南民族风俗的英国学者乔治娜·科里根（Georgina Corrigan）表示，"幅"在藏族的袍服传统中很重要。氆氇藏袍结构（裁剪）的数量（指主体结构）在实物形态的表现中为两幅或三幅。实物研究表明，特殊情况下结构数量也会出现独幅或四幅。袍的造型总要有裁剪的部分，如何保证整幅使用，"交襋之"确实是重要的学术发现。当时还未见秦简《制衣》（交襋）的发表，藏袍中的这种裁剪被命名为"单位互补算法"：单位，就是一个布幅；互补，是阔与狭头相互补充斜裁，即"上为下 = 为上"；算法，根据需要设计斜裁尺寸形式。事实上这种"交襋现象"在古典藏袍中是普遍存在的。如氆氇面羊皮内里镶豹皮水獭皮饰边藏袍，是标准窄幅氆氇三幅结构，除它的侧摆采用交襋以外，还出现了多幅拼接的袖子结构，两个匪夷所思的不

实物

图 11-1　氆氇面镶豹皮水獭饰边羊皮内里藏袍交襋结构复原
（北京服装学院藏）

对称插角结构等，这并也不符合惯常的美学标准。通过布幅还原实验发现，
其没有脱离交衽原理，是一种以牺牲"美观"为代价的割幅成器，也是
我国藏族先民从节俭到福德修持的伟大实践的结果（图 11）。

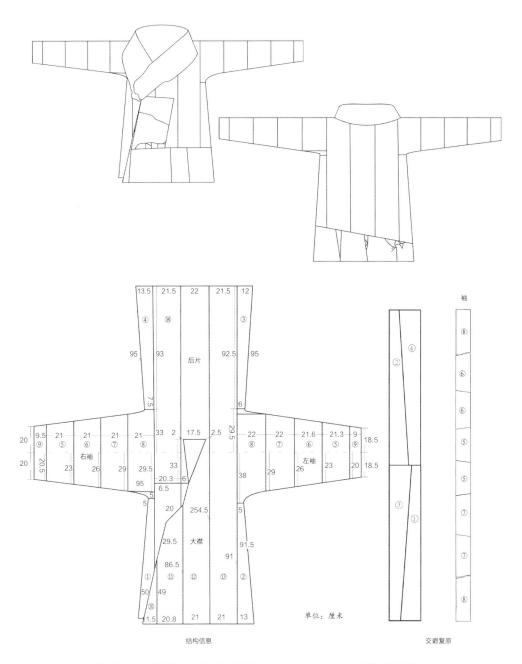

图 11-2　氆氇面羊皮内里镶豹皮水獭皮饰边藏袍交衽结构复原（北京服装学院藏）

更精彩的是一件氆氇虎皮饰边藏袍标本，它是典型的宽幅氆氇两幅结构，它的衣摆结构所表现的单位互补算法，其原理和复杂程度完全可以与北大藏秦简《制衣》"裷䘏交裠之"媲美（图9、图12）。难以置信的是这种现象在藏地的标志性藏服中都有遗存，如林芝的古休、四川的白马藏袍（图13），甚至传统的皮质藏靴都保存着这种古老的匠作技艺。与此同时，我们不得不开始思索，藏袍的单位互补算法与先秦的交裠是传承关系？是遗存？还是多源头独立发生的中原遗失？

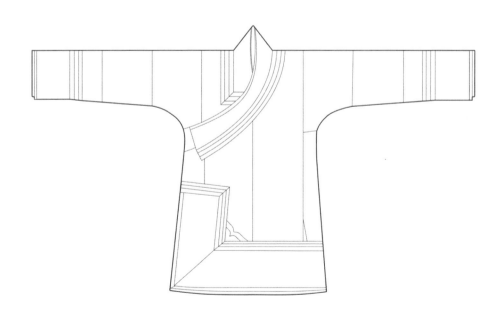

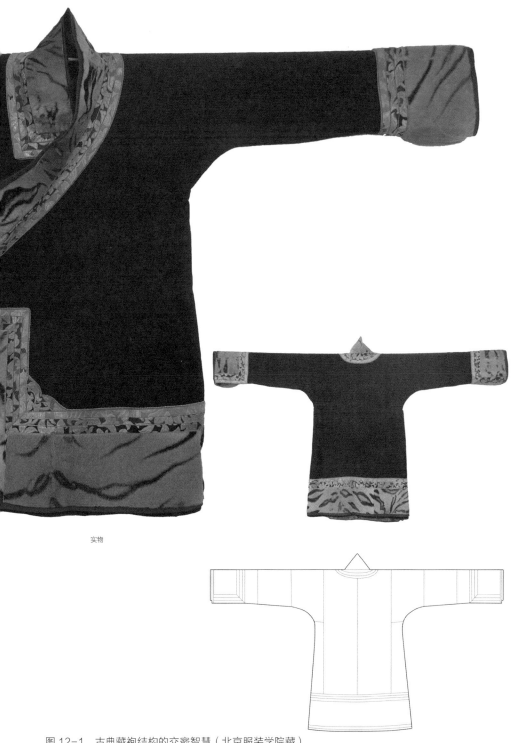

实物

图 12-1　古典藏袍结构的交裹智慧（北京服装学院藏）

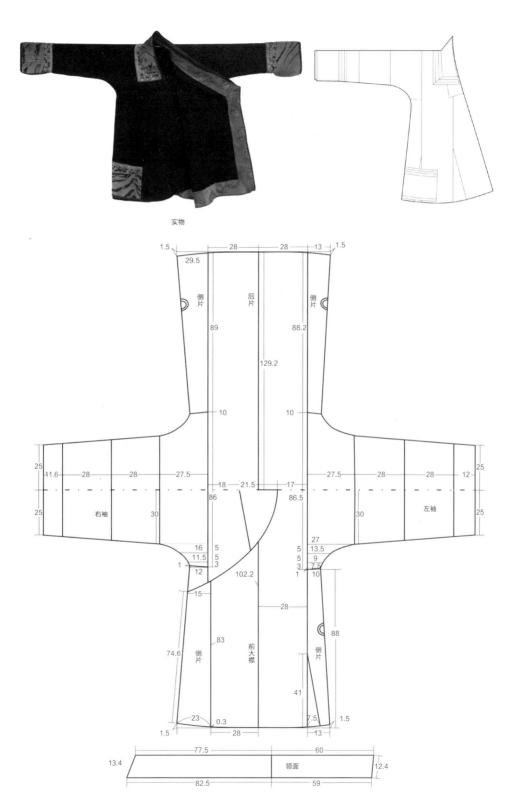

实物

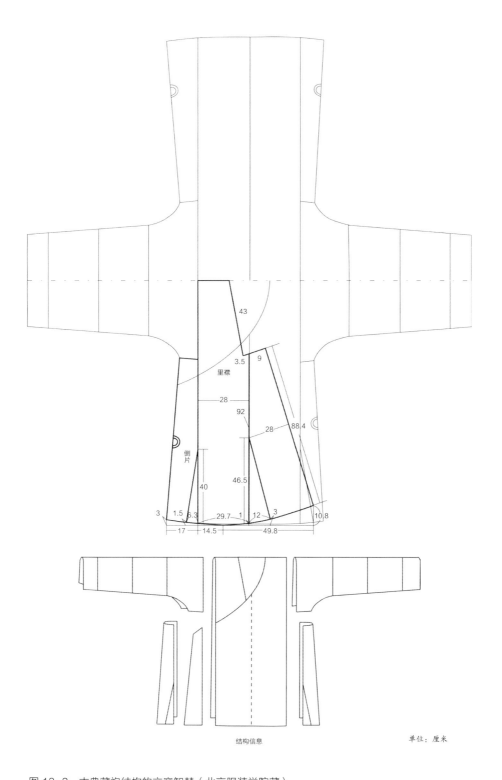

里襟

侧片

43
3.5 9
28
92
28 88.4
46.5
40
3 1.5 6.3 29.7 1 12 3 10.8
17 14.5 49.8

结构信息

单位：厘米

图 12-2　古典藏袍结构的交窬智慧（北京服装学院藏）

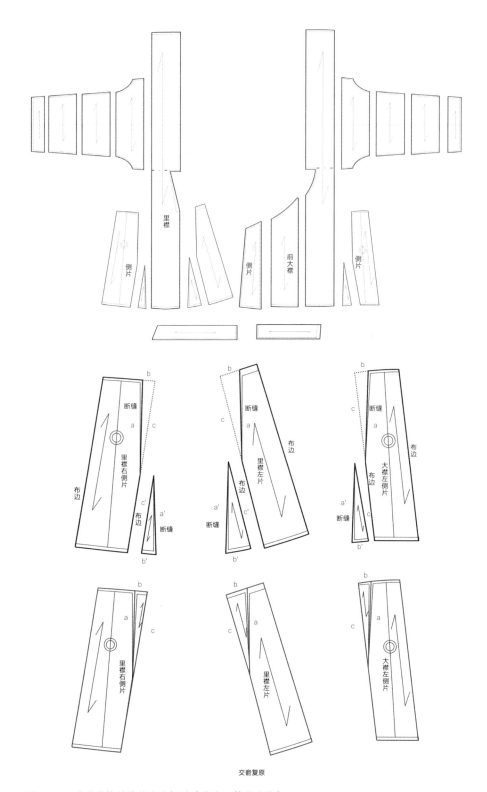

里襟

侧片

侧片

前大襟

侧片

b
断缝
a
c
里襟右侧片
布边
布边
c'
a'
断缝
b'

b
断缝
a
c
里襟左片
布边
布边
c'
a'
断缝
b'

b
断缝
a
c
大襟左侧片
布边
布边
c
a'
断缝
b'

b
a
c
里襟右侧片

b
a
c
里襟左片

b
a
c
大襟左侧片

交嵚复原

图 12-3 古典藏袍结构的交嵚智慧（北京服装学院藏）

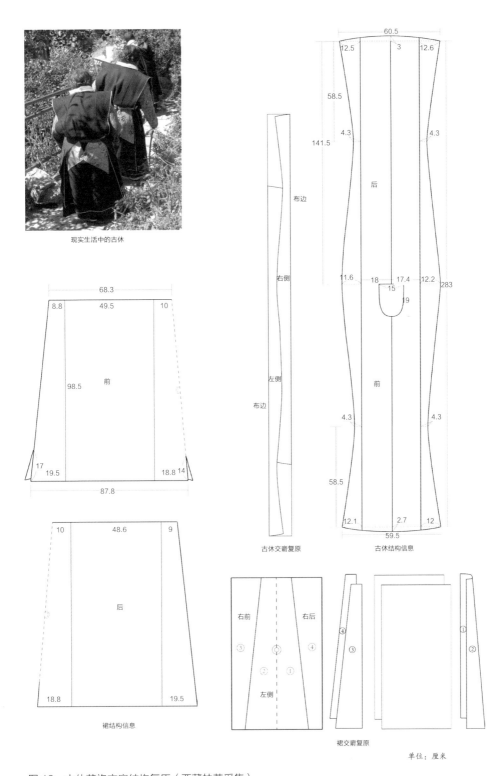

现实生活中的古休

布边

右侧

左侧

布边

古休交襟复原

后

前

古休结构信息

前

后

裙结构信息

右前   右后

左侧

裙交襟复原

单位：厘米

图 13　古休藏袍交襟结构复原（西藏林芝采集）

我国西南民族服装结构的交裳，最具标志性的是云南马关土僚壮族下裙标本。通过对其信息的采集和结构图复原发现，它几乎是秦简《制衣》所记"大袤四幅皆交裳"呈十六幅的翻版，且并非孤例（图14）。从标本断代的信息来看，但凡这种古法结构，标本年代会更早，在类型和族属上也并不单一。如贵州安顺黑石头寨标准的苗族盛装可以说是割幅成器的中华经典，特别是它的袖制，几乎是秦简《制衣》所记独幅"裂绔交裳之"的苗族版（图15）。

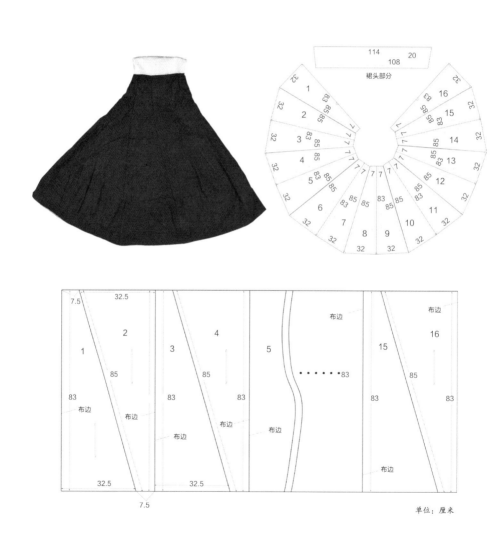

图14　云南马关土僚壮族下裙交裳结构复原（广西民族博物馆藏）

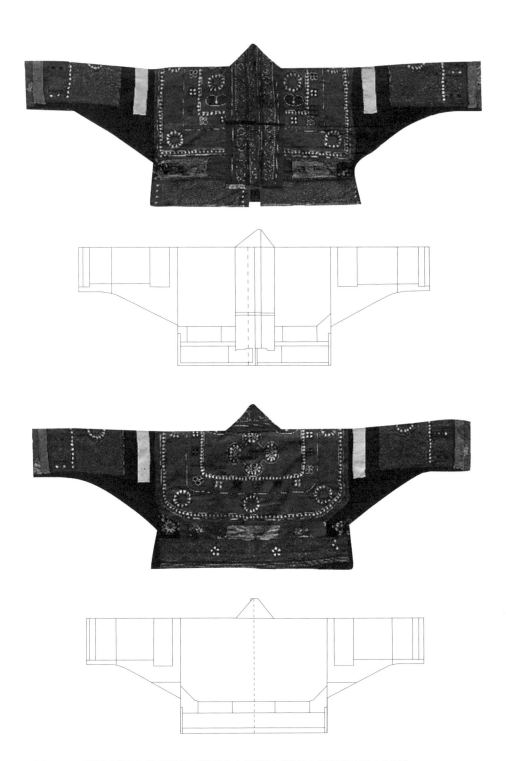

图 15-1　贵州安顺黑石头寨苗族盛装结构充满割幅成器的中华经典（私人收藏）

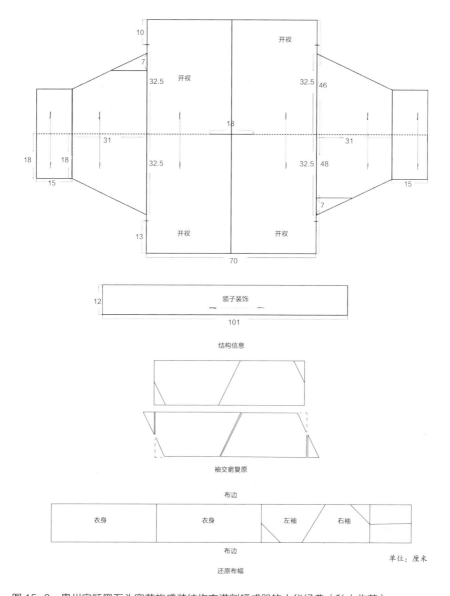

图 15-2 贵州安顺黑石头寨苗族盛装结构充满割幅成器的中华经典（私人收藏）

　　值得研究的是这些西南民族具有活化石特征的古老遗存，会触发我们对秦简《制衣》这类重要的一手古籍所记信息作更加广泛的民族史脉的实物证据挖掘。如今天西南民族的这种遗存，在几千年前的先秦本就已存在，他们都遵循着某种相同的造物技艺和逻辑。甚至有物质研究表明，它所承载的技艺信息比秦简的记载还要早。西南民族普遍存在一种很古老的裤，它的结构是通过一个布幅，依据交窬"太极"的原理，不是用"割"

而是用"折"完成的，显然是比"割幅成器"更古老的"折幅成器"的产物，考古发现证明了这种推断，它与四川悬棺葬中发现的春秋战国时期的绮、新疆民丰尼雅精绝国遗址出土的东汉"王侯合婚"锦男裤、"长乐大明光"锦男女裤的折幅成器有异曲同工之妙（图2、图16）。

如果说这些都具有少数民族背景的话，秦简《制衣》所记"裂绔交裻之"的发现就是从折幅成器进化到割幅成器的文献证据（图9），在内蒙古兴安盟右中旗代钦塔拉辽墓和福建南宋黄昇墓葬出土的裤制似乎也证明了这一点（图17）。虽然看似我们已经对史脉整理得很清楚，事实上对其复杂性研究还准备不足。通过研究发现，1990年发表的考古报告《定陵》中的黄素绫裤就是采用折幅成器的裤制，这与其说是倒退，不如说是对原生布幅的坚守，因为它更能诠释儒家俭以养德的精神，比上古和不发达地区的折幅成器更充满了智慧。它不是原始的用一个布幅，而是用四个布幅，根据交裻"太极"原理拼接折叠完成，为我们呈现了难以想象的形制样貌。因此，折幅成器和割幅成器并不是进化关系，而是共生关系，不变的是它们都笃信敬物尚俭才能成就修德，这或许正是中华民族一体多元文化特质的生动实证（图18）。

五

至此，我们需要思考一个更形而上的问题。人类文明是由物质文明、制度文明和精神文明构成，而我们更多地关注她的制度文明，如宗法礼制，更注意她的精神文明，如儒释道"天人合一"的哲学，而忽视了她的物质文明在架构中的基础地位，也就形成了重道轻器的学术传统（经史子集成立学之术）。割幅成器的这些古代事项都无一例外地指向了物质文明，且以俭的智慧去实现生存的动机。但当物质极大丰富时，俭的技艺往往又是脆弱的，就会受到各种挑战，不发达的少数民族地区原生的遗存正说明了这个问题，而中华文化经历了多个盛世物丰却仍在坚守，因此，俭的生存动机必须形成"制度"。当制度上升到精神，当俭以养德成为民族大义的时候，这种技艺才可能被坚守。因此，割幅成器被坚守并非因"俭"本身，而是修德。中国的丝绸文明与西方的羊毛文明最大的不同就是：丝绸以最少的裁剪，尽量保持完整的布幅，可持续的理念（未裁剪的整幅可复用）。这些最适合丝绸的美学表达（丝绸宜整不宜裁）往往还伴随着对物的敬畏。

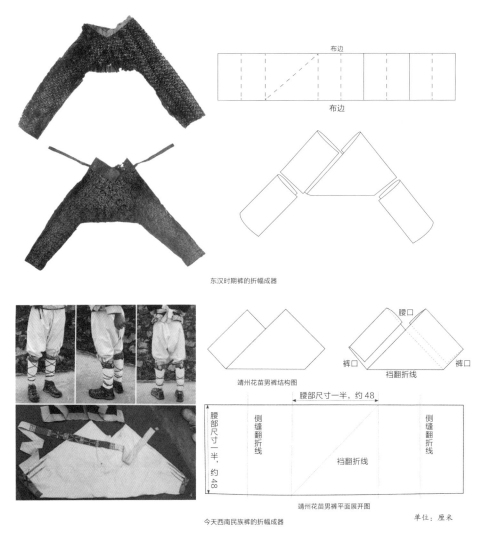

布边

布边

东汉时期裤的折幅成器

靖州花苗男裤结构图

腰

裤口   裆翻折线   裤口

腰部尺寸一半，约 48

侧缝翻折线   侧缝翻折线

腰部尺寸一半，约 48

裆翻折线

靖州花苗男裤平面展开图

单位：厘米

今天西南民族裤的折幅成器

图 16   广西白裤瑶裤子折幅成器结构与古代的绔制如出一辙

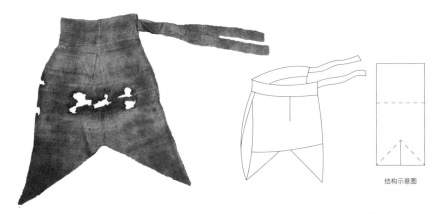

结构示意图

图 17   内蒙古兴安盟右中旗代钦塔拉辽墓绢裤的割幅成器（内蒙古博物院藏）

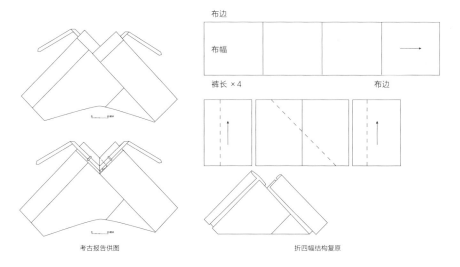

布边

布幅

裤长 × 4

布边

图 18　明万历《定陵》出土黄素绫裤折幅成器的结构复原

考古报告供图

折四幅结构复原

敬物尚俭所创造的"人以物为尺度"的技艺智慧，正是天人合一正统哲学的伟大实践。因此，割幅成器虽然出自生存动机，但对她的坚守与其说是"求俭"，不如说是"修德"，越是身处富贵的环境中，这种坚守越有意义。一个清朝非富即贵的满族妇女所穿的吉服裤结构给出了答案，它为了善用布幅可以牺牲"美"，同样也会用崇礼去表现"美"①，可见割幅成器之精髓不在于美的表面，而在于内心（图 19）。

---

① "善用布幅"又有礼教的考虑：在布幅内取接袖就会有缺失（补插角），置于前袖。妇女崇尚礼教端坐时两臂需要合十，插角便被隐蔽，袖缘刺绣纹饰后奢前寡也由此产生。

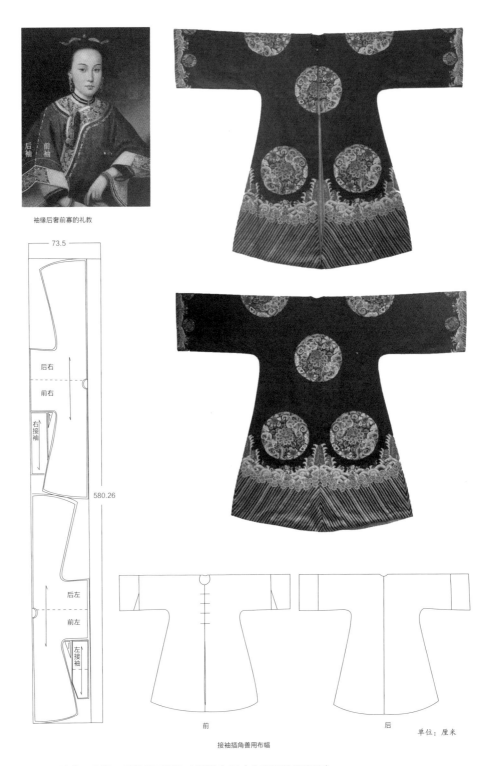

袖缘后奢前寡的礼教

73.5

后右
前右
右接袖

580.26

后左
前左
左接袖

前　　　　　　　　　　后

接袖插角善用布幅　　　　　　　　单位：厘米

图 19　清代石青缎五彩绣八团福海吉服褂女服（北京服装学院藏）

参考文献

[1] 班固. 汉书补注 [M]. 王先谦，补注. 上海：上海古籍出版社，2008：3574.

[2] 黄宗羲. 深衣考 [M]. 北京：中华书局，1991：8.

[3] 王文锦. 礼记注解 [M]. 北京：中华书局，2001：875-876.

[4] 朱凤瀚，韩巍，陈侃理. 北京大学藏秦简牍概述 [J]. 文物，2012（6）：65-73+1.

[5] 刘丽. 北大藏秦简《制衣》释文注释 [J]. 北京大学学报（哲学社会科学版），2017（5）：57-62.

[6] 刘丽. 北大藏秦简《制衣》简介 [J]. 北京大学学报（哲学社会科学版），2015，52（2）：47.

考古服饰研究

服饰史研究的回顾与展望
NSM Costume Forum

摘要： 在纺织业分工细化之前，服装制作是一个连续的过程，此过程从纺织生产开始。服装款式是面料织造的目标，而面料织造则是服装制作的前提。在一个家庭或是小规模生产的作坊里，此种前后关系必然非常密切。也就是说，要研究服装史可能离不开纺织史，而研究纺织史也离不开服装史。所以在服装史的研究中，也有不少人非常关注纺织史。本文拟梳理现存古代织物与服装款式关系的研究情况，并结合从内蒙古辽代耶律羽之墓出土一组服装和面料的关系、新疆尉犁县营盘墓地 M15 出土西域红地石榴牛羊人物纹罽和三件唐代红地联珠对鸟纹锦服饰实例，来探讨从服装史出发的织物史研究及其相互促进或相互制约的关系。

关键词： 织物；服装；量布裁衣；割幅成器

从服装史出发的织物史研究

赵丰[①]

笔者并非服饰史专家，相对更着重于织物史研究。对织物史研究的最终目标是复原织物，所以更多关注于面料的图案，尤其是一些具有特殊图案的面料。而通过对这些面料所制成服装的研究，恰恰可以达到对织物研究的目的。本文即对织物史研究和服饰史研究之间的关系进行阐述，将两者做一个关联。

一、前人的工作：探讨服装裁剪与织物的关系

加拿大皇家安大略博物馆的桃乐丝·金·伯纳姆（Dorothy K. Burnham）于 1973 年著有一书——*Cut My Cote*[②]（图 1），中文是：裁剪我的外衣，或裁衣。其书名源自一句格言：我

---

① 赵丰，中国丝绸博物馆研究员，浙江理工大学国际丝绸与丝绸之路研究中心主任，东华大学教授，研究方向：中国染织服饰史。

② Dorothy K. Burnham：*Cut my Cote*，University of Toronto Press，1973。

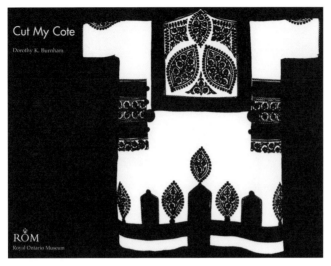

图 1 *Cut My Cote* 封面（*Cut My Cote*，1973）

想要量布裁衣（I shall cut my cote after my cloth），意思是我要根据织物的尺寸来裁剪我的衣服。在 1546 年的《格言》一书中另有一个版本：你必须量布裁衣（You must cut your coat to fit your cloth）。桃乐丝·金·伯纳姆在其著作 *Cut My Cote* 中解释：织物的尺寸通常会指向服装的款式。利用保存下来的服装，我们可以画出它的裁剪图，从欧洲衬衣的发展过程来看，人们是多么不情愿织好的织物被裁剪，故每一寸织物都被充分利用。伯纳姆也解释了各地区不同的织机的物理参数，如织机宽度、便携性以及所用织工人数等。

很明显，欧洲谚语中的"量布裁衣"与中国传统中的"割幅成器"是完全相同的概念。其实，只要人们生活在一个相对独立且封闭的环境里，节俭的理念均是相同的，即最大程度地利用所有生产出来的物品。伯纳姆在其著作里强调，要保证每一英寸的布料都要被使用，所以全书的关键词是：织机的宽度、织物的规格、裁剪图（排料图）和服装款式。其中如何裁剪成衣、成就服装款式，则是节俭的关键所在。本文强调的核心与伯纳姆的著作有异曲同工之处：织机的尺幅和织物的规格，也会根据服装款式的需求来设计。

伯纳姆在书中列举了诸多实例，都是她对世界各地服装所进行的比较研究。譬如科普特时期（公元 5 — 7 世纪）的一件套头衣，所用的是直接织成衣料，无需裁剪（图 2）。当时许多衣服都采用织成衣料，该种衣料在织的时候即按照服装的款式来织就。中国古代就有"织成"的概

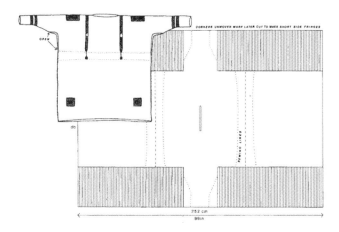

图2　科普特时期服装及其排料图（*Cut My Cote*，1973）

念，意为"织而成之，不待裁剪"。"织成"款式体现了纺织最高水准，无需复杂的裁剪便可成衣，达到了织造的最高境界，也与今天追求的环保理念相同。

当然，"织而成之"的工艺相对更为复杂，需要专门的手工艺，从纺纱织布开始，相当于最高级的订制。除此之外，一般的织物成衣前还需要割或裁，但也必须裁得很少，割得很合理。伯纳姆还举了很多例子，如法国的男衬衣、意大利的女衬衣，即使袖子是泡起来的，也可以找到一个最省料的做法。再如乌克兰、马其顿、希腊、英国和罗马尼亚的女衬衣，尽管衣上加了刺绣装饰，但其基础裁剪还是一样的原理。对于东方的服饰，如日本和服与织物的关系就特别明显地一致，而韩服与中国传统服装的形式和概念比较接近，有时还会用到织成面料，因为人们在织造的时候就把服装的款式考虑进去了。所以从整个人类的服饰史来看，织物规格和服装款式的关系是非常明显和明确的。

中国学者也较早关注到织物与服装款式之间的关系，其中可能以《定陵》报告为早。定陵的发掘早在十八世纪五十年代开始，但正式报告的出版却是在1990年，其中已有不少关于织物的测绘和裁剪方法的探讨（图3）。[1]

中国丝绸博物馆曾编过一本学术刊物《古今丝绸》（1995），仅出了一期。其中，薛雁撰写了一篇名为《浅谈中国古代丝织物规格与服装

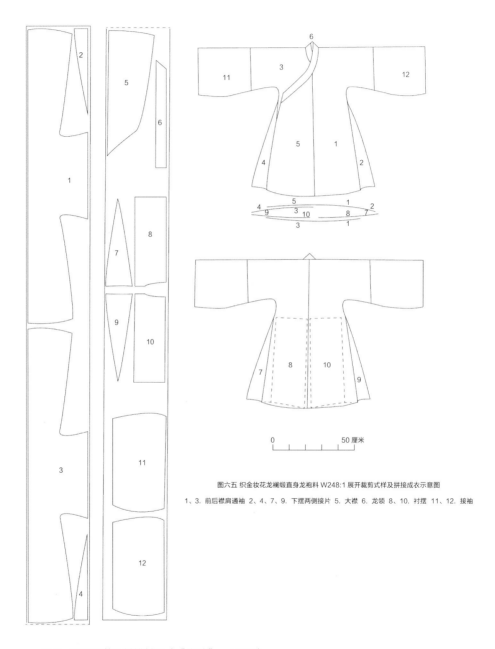

图六五 织金妆花龙襕缎直身龙袍料 W248:1 展开裁剪式样及拼接成衣示意图

1、3. 前后襟肩通袖　2、4、7、9. 下摆两侧接片　5. 大襟　6. 龙领　8、10. 衬摆　11、12. 接袖

图3　万历服装及其排料图（《定陵》，1990）

的关系》的文章，根据服装的用料情况，把织物分为匹料、袍料和衣料三种，结合有关资料及实物，对出土和传世的服装用料进行了测算与考证，并就其与织物规格的关系进行了初步探讨，最后的结论是：织物的规格尤其是匹长是根据制作服装的需要来制定的，服装的款式也适应当时的规格。[2]

此外，刘瑞璞老师对此做了大量的工作，特别是在《中华民族服饰结构图考·汉族编》中列出许多的实例。他总结了中国服装的结构特点：像汉字结构一样稳定的古典华服结构形态与"节约和敬物"的动机有关，建立了装饰是为完善结构形式而存在，结构形式又以不破坏面料的完整性和原生态而设计这一全新的理论。因此，大中华服饰结构"十字型、整一性、平面化"的面貌长期以来没有发生根本改变，与"节俭"这种普世的生存动机、以"敬物"为核心的天人合一的宇宙观密不可分。[3]

所以，从服装的角度来分析面料是一个值得关注的问题。如元代的服装通常有肩襕，因而呈现出图案的特殊性，这种图案的特殊性会促使面料研究者去分析服装的结构，绘制排料图和裁剪图。[4] 又如明代的大衫，也很值得做类似的研究。[5] 此外，新疆博物馆所藏青海阿拉尔出土的锦袍，在经过对其前后左右的全面观察分析后，最后绘出了排料图。在排料图的基础上，研究的重点仍是织物。从排料图上可以看到同样的图案单元之间，每一道的色彩并不相同。只有把锦袍形制结构图绘制完整，同时排料图也画全，才能明确织物是如何织造而成的，色彩是如何变换的（图4）。[6]

二、现阶段的实践：寻找服装与织物的关系

基于已做过的工作，特举以下三例，以说明如何从服装研究过渡到织物研究。

（一）耶律羽之袍服与辽代织物的关系

耶律羽之（890—941）是辽代早期的皇族显贵，曾随辽太祖耶律阿保机平定渤海国，并在原渤海国的基础上建立附庸于辽的东丹国。耶律羽之始为东丹国中台省右次相，后升为中台省左大相加东京太傅，成为东丹国的实际统治者。耶律羽之的父兄也都是辽代早期的重要人物，兄

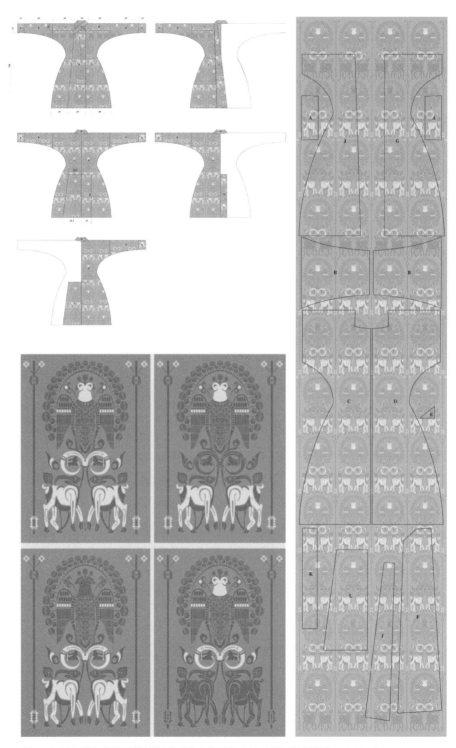

图 4　阿拉尔锦袍复原及排料图（《论青海阿拉尔出土的两件锦袍》，2008）

弟三人皆官至一品。会同四年（941），耶律羽之入京朝见，于当年8月11日去世，享年52岁，次年葬于裂缝山，距今已有1000多年。其夫人随后不久也去世，入葬同墓。裂缝山即今内蒙古赤峰市阿鲁科尔沁旗罕庙苏木的古勒布火烧嘎查东面约10公里处的山峰，因其山形特征，当地称为裂缝山。

1992年7月，耶律羽之墓被盗，墓中出土了大量珍贵文物，其中包括丝织品数百件。中国丝绸博物馆应邀对该墓出土全部丝绸文物进行分析鉴定，共有600多件残片。

1. 团窠对凤织金银锦袍

墓中有两件衣服比较完整地保留下来，还有大量衣服也可从残存部分判断其原来的形制。完整的衣服中有一件是团窠对凤织金银锦袍，团凤图案既有织金也有织银，二二错排。根据这些特点，可以恢复此件辽代锦袍的基本裁剪方式，这是普通小型团窠面料裁剪方法的案例（图5）。

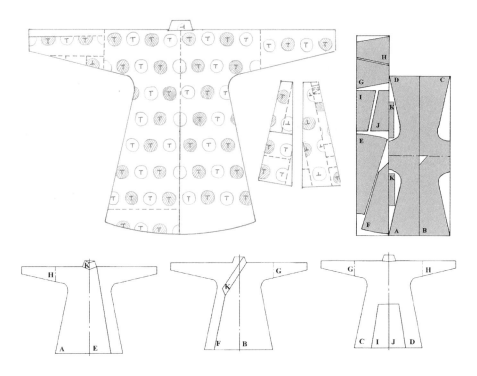

图5　团窠对凤织金银锦袍及排料图

2. 云山奔鹿纹紫绫袍

该件云山奔鹿纹紫绫袍的图案排布极为有趣，前后衣身纵向均排布两个相同的奔鹿图案，刚好为一个身长。背后左右衣片的两组鹿为正向相对，前面是左衽。与前片外襟相拼的小襟被裁掉近一半，剩余鹿头及半个身子，与另一只完整的鹿并排，所以看上去好像两头鹿在奔跑，前面一头鹿把后面一头鹿遮了一半，但是齐头并进，此种裁剪方法非常有趣。这样的排布设计，应在面料织造之初就已考虑过。根据服装结构及图案排布，可以推断面料的图案排布经向循环较大，为两个衣长，纬向为通幅，即一个图案循环为四头鹿，两只头朝上、两只头朝下排列（图6）。

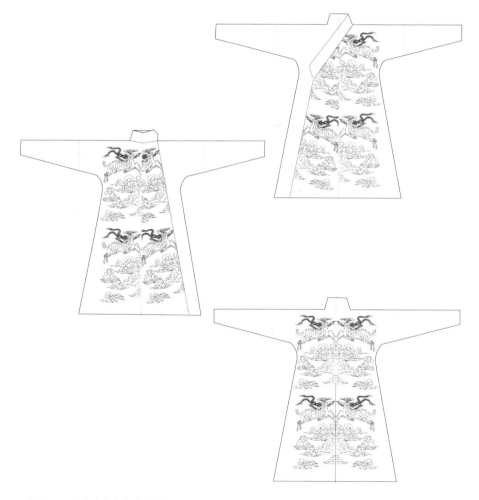

图6 云山奔鹿纹紫绫袍纹样排列

3. 花树狮鸟织成绫袍

此件绫袍的面料为花树狮鸟纹图案，通幅，衣身从上到下为一个完整图案。其特别之处是织物设计之初，即做了一大一小两个图案设计，大图案是用于绫袍正身前后片，小图案用于前片相拼的内外两个小襟。由于此件服饰所织图案较小，图案保留完整且没有被裁掉，这与前文所描述的奔鹿纹的案例不同（奔鹿的图案要被裁掉一部分）。袍子后背图案即为两个大图案的相拼（图7）。

图 7　花树狮鸟织成绫袍纹样排列

4. 葵花对鸟雀蝶妆花绫袍

此件绫袍所用面料及剪裁方式与前述案例不同。前面几件袍服均为对幅裁剪，从而使每幅面料中的单个图案合而为一，拼合成左右对称的一个完整图案，达到设计的平衡。但是这件绫袍所用织物上的图案本身就为对称，所以裁剪时与常规不同。首先要把对称的图案放在中间，即袍身主体部分，然后再拼接其他的面料（图8）。

图 8　葵花对鸟雀蝶妆花绫袍纹样排列

5. 团窠对雁蹙金绣紫罗袍

　　在耶律羽之墓出土的织物中，有一块图案为通幅的对孔雀纹绫，上下连续。墓中虽然没有出土团窠对孔雀纹绫袍，但这件织造的团窠纹样可以与同墓出土的刺绣服装，特别是团窠对雁蹙金绣紫罗袍对应起来，刺绣团窠袍上下两个大团窠和对孔雀纹绫上的大团窠是完全一致的。由于团窠绫的图案是中轴对称的，所以它的裁剪和排料方法应该和葵花对鸟雀蝶妆花绫袍较为接近（图 9）。

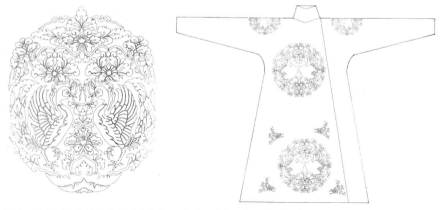

图 9　团窠对孔雀纹绫纹样（左）与团窠对雁蹙金绣紫罗袍（右）纹样排列

　服饰史研究的回顾与展望

6.雁衔绶带锦袍

本例中这件锦袍出土于内蒙古兴安盟代钦塔拉辽墓，与耶律羽之墓所出一件左衽盘领锦袍所用面料相同。此锦袍虽形制外观看上去无殊，但结构复杂，不同于常规剪裁方式。锦袍面料图案为雁衔绶带，左右对称，独幅，经向循环。为了保持袍身主体图案的完整性，采用了较为繁复的裁剪。

研究者在图案与服装结构综合研究的基础上，对图案做了全面复原。现可知二十对大雁的长度可供做一件袍子，基于此团队对雁衔绶带锦面料进行了织造复原，并绘制了锦袍的排料图（图10）。袍身后背为三截式拼缝，从而使得每一对大雁均是纵向完整的图案。前片左右襟主体也是三组大雁，而左右两袖及下裳拼接部位均呈对称状，且所有大雁均为站立状，可谓是精心设计与制作。

但为了达到图案尽量完美匹配的效果，局部面料有所浪费，如有些部位对雁的局部进行了裁剪——将雁脚裁掉一点，但确保雁头都在。所以，此种设计并非本着省料的原则，而是为了体现着装人的官阶等级（袍子的主人是宰相）——自唐代始，大雁已经代表官阶，属于文官系列里非常高的等级。大约在940年，辽人获赐这批织锦，故采用中原生产的面料，以自己特有的裁剪方式，缝制成此袍。

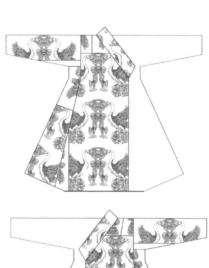

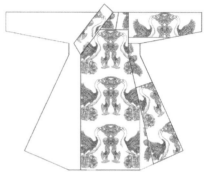

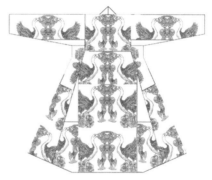

图10 雁衔绶带锦袍纹样排列和排料图

（二）红地人兽树纹罽袍款式与织物复原

此袍为 1995 年新疆尉犁县营盘墓地 15 号墓出土。营盘墓地位于罗布荒漠西北、孔雀河北岸，时属汉晋时期。15 号墓彩绘木棺中葬了一位男性，面罩白色麻质贴金面具，而其身上所穿红地人兽树纹罽袍更是引人注目。织物上的图案主题是希腊罗马传统的纹样，可以看到石榴树、羊、牛、橄榄枝等素材，还有带着盾牌、短剑的人物等。

2004 年 7 月，为更科学地保护营盘男尸随身服饰、织物，中国丝绸博物馆团队受邀前往新疆剥离男尸身上的服饰。在揭展时发现，这件服装的后背几乎全部烂了。为便于修复，我们需要把整件衣服的款式和图案都复原出来，也就是说，必须研究这件服装的裁剪方法。通过对袍服残片的仔细拼对和研究，我们获得了罽袍的裁剪图，也还原了织物的纹样排布，并对罽袍进行了修复。

此件人兽树纹罽袍，交领，两襟大小相同，基本呈对襟，穿着时，左襟略掩右襟。衣长 117 厘米，通袖长 193 厘米。袍身合体，腰围 92 厘米，领口、袖口都比较窄，下摆不是很宽大，所以在胯部两侧加缝梯形宽边，并向下开衩（图 11）。

图 11　红地人兽树纹罽袍

罽袍最主要的面料为人兽树纹罽。从面料的裁剪看，前身左右两襟和后背各为一大块整片，分别是由人兽树纹罽横向、纵向裁剪而成，这为确定织物的规格和完整的织花图案提供了依据。通过研究发现，人兽树纹罽织物的规格大致为：匹长 154 厘米、幅宽大于或等于 160 厘米。吐鲁番出土文书中有关波斯锦、丘慈锦等新疆当地织锦均以"张"做单位，一张的规格约等于现在的长 2 米、宽 1 米。人兽树纹罽布幅更大一些，应该也是中亚地区毛织物"张"的规格之一。"张"的概念是什么呢？应该是来源于西域的风俗习惯，如一张锦最常见的尺寸就是 1 米乘 2 米，差不多就是一张床的大小，所以他们的地毯等纺织品都是按照这个规格来做。因此，"张"的概念有其特定的用处，并非是一个简单的规格。

此墓主人的身份应是丝绸之路上比较富有的人，很可能是商人，他得到的面料大概率不是一个社区里面自产自销的东西，而是在贸易过程中所得。此面料的用途或许本来不是用来做服装，但为了节约或是利用一些现成的织物，他可能会对一些不常见的面料进行裁剪制衣。通过研究发现，该织物非常完整，而且被充分利用。即先横向裁出右襟和后背，再纵向裁出左襟。可以看出这种裁法，两襟图案的方向不同，难免影响视觉效果，但裁缝明显是受到面料规格的限制才不得已而为之。因余下的布料已不够做完整的两袖，便只裁出两袖的上半部分，而下半部分刚好对称接其他布料，这样便不会影响衣服的整体效果。两腋、衩缘等部位利用剩下的布片拼接而成（图 12）。最后，左襟下侧边仍缺一块，就只好拼缝另一种织物——花树纹罽，地色和花色与人兽树纹罽尽可能接近，以使整件罽袍色彩协调①。

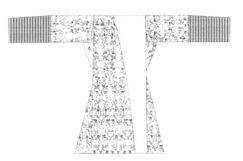
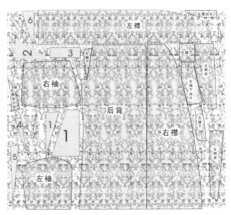

图 12　红地人兽树纹罽袍纹样排列和排料图

① 李文瑛：《营盘 95BYYM15 号墓出土织物与服饰》，《西北风格：汉晋织物》，艺纱堂 / 服饰工作队，2008。

（三）联珠对鸟纹锦与一套童装

很多地方，人们往往用一种面料来制作一整套童装。此案例中的一套童装共分三件。第一件长袖上衣现藏于美国克利夫兰艺术博物馆，在美国大都会艺术博物馆和克利夫兰博物馆合办的展览"When Silk Was Gold"（丝如金时）中展出[①]。第二件锦半臂是美国某基金会的收藏品，曾在敦煌"丝绸之路上的文化交流：吐蕃时期艺术珍品展"中展出[②]。第三件是一双锦袜，收藏于日本山梨县平山郁夫丝绸之路美术馆。经初步研究可知，这三件服装的织锦面料源于同一件织物（图13）。

这类织锦总称为粟特锦，也可称为中亚织锦。粟特锦非常重要的特点就是每个图案单元都是挑织出来的，并不是由织机上的程序控制织成的。也就是说，织锦上的图案单元是在纬向上循环的，在经向上没有循环规律。从克利夫兰博物馆所收藏的织锦上衣的团窠联珠纹来看，这些

图13　联珠对鸟纹锦面料制成的三件童装

---

① WATT J. C. Y, WARDWELL A E: When Silk Was Gold: Central Asian and Chinese Textiles, Metropolitan Museum of Art, 1997.

② 敦煌研究院：《丝绸之路上的吐蕃艺术》图录。

联珠及对鸟左右都是对称的，但数一下每个团窠联珠上的珠数可发现，第一行团窠对鸟的联珠为 40 颗珠，第二行为 41 颗珠，第三行为 42 颗珠，说明经向上的所有团窠联珠都是不一样的。

对三地所藏的三件织锦分别做面料剪裁排料图后发现，袜子应是零料所做，否则很难与两件衣服的用料拼合。根据总的排料图，推测原来的织物有可能经向有 11 行团窠，纬向有 5 列团窠，这基本与当时大张锦的规格相近（图 14）。从中可以看到原来的织物面料和这三件服饰的关系。

但以上推测可能并不是唯一答案，因为按此 11 行 5 列的方案，会有一条约长 8 个团窠的织锦多余出来，但这一条在哪里、做什么用并不清楚。一般而言，这些织锦的每一条都不会浪费，那这一条做了什么呢？有如下推测：

第一个推测是这一条 8 个团窠长的织锦被制作成另一件服饰，这件服饰应该与这一组服饰成套。所以不排除还有相同织锦服装存世的可能，也许是另一双锦袜或是一顶小锦帽（图 15）。

第二个推测或如大都会博物馆屈志仁先生所言，还会有一条锦裤。这也是可能的，但要制作一条成套的锦裤还需要更多的面料，此时，原织锦的尺幅需要再加一列团窠，成为 11 行 6 列的大张锦，而这样的大张锦规格总体也还是合理的（图 16）。

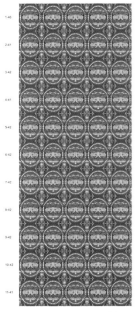

图 14　11 行 5 列联珠对鸟纹锦图案复原

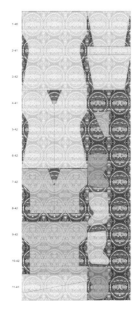

图 15　11 行 5 列图案复原及排料图

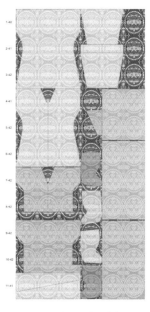

图 16　11 行 6 列图案复原及排料图

三、若干思考

（一）织物和服装是一个链条环

在一个独立而封闭的传统纺织服装体系中，从纺到织、到裁、到缝，必然构成一环有序而完整的链条。诚如桃乐丝·金·伯纳姆所言：I shall cut my coat after my cloth. 其所倡导的观点即为"割幅成器"。明朱柏庐《治家格言》载："一粥一饭，当思来之不易；半丝半缕，恒念物力维艰。"这是中国传统，但也不仅仅局限于中国。如前所述，世界各地均秉承着相同的理念。因此，在纺织服装生产中，凡织必有用，不浪费一根丝线和一寸织物。所以《道德经》里说"大制不割"，即可以用某件材料做成多样器物，但最高的境界便是物尽其用，不舍不弃。

所以，服装的形成与其所处的生态环境和可持续发展相关。任何物质的形成都是由生态环境所决定，各地的服饰尽管受东方哲学或是西方理念的影响，但事实上，其功能必定是建筑在生态上面的。人类学家在做少数民族服装研究时，所调研的每个地方相对来说是一个独立的系统，有少量的技术或理念是共通的，但更多的是具有各自区域的特色。如要染什么颜色需视周边所生长的天然植物而定，从而逐渐形成一个相对独立的环境。所以，生态环境基本决定了传统工艺的形成。当然，这其中也不乏有个别独具匠心的创新型人才，发挥他们个人的创意。另外，服装乃至所有传统工艺的形成都跟可持续发展相关。如一些村子历时几百年，如果没有可持续发展理念的支撑，那么也不可能传承下来。在如此封闭的体系中，可持续发展的做法必定存在，也是自然而然产生。虽然在不同的文化里会有一些不同的表现形式，但结果均是如此。

（二）必须量布裁衣

桃乐丝·金·伯纳姆还有一句格言：You must cut your coat to fit your cloth. 即服装的设计应该去适应面料。所以，在研究服装的过程中，可以根据其结构及裁剪方式等信息，反向推断出服装所使用的织物规格。织物规格不是统治者任意颁布的条例，而是基于劳动实践和生活习俗形成的惯例。尺度、匹料的长度和幅宽，都有着内在的原始驱动力。所有的物料在使用的历史过程当中，在裁剪制衣的时候，都是以所拥有的面料为基础的。

曾经有人算过：江陵马山楚墓战国袍子用料约 18 米，恰为当时 2 匹布料；长沙马王堆汉墓直裾和斜裾的袍子，用料约为 7.5 米，刚好接近当时 1 匹布料；唐代 1 匹面料，恰好做 2 件衣袍，各用 6 米；福州黄昇宋墓出土宋代广袖袍用料 6 米，1 匹布料可制 2 件；明代也是 1 匹约为 2 件衣料。[2] 所以，历代织物的规格跟当时服装流行的款式有关，开始可能源于自然体系，但随之上升为制度，最后成为习俗。所以对于织物史研究者而言，往往会产生观衣而欲明晰其所用织物的冲动。

（三）通过裁剪图或排料图来研究织物

对于不少并不合乎规格、但有着特殊图案的织物而言，它们依然有着自身的规律。利用这一规律研究服装款式和结构，或可还原其所用织物的特殊原貌，有利于织物史的研究，甚或有特别的发现。相较于有图案的织物，没有图案的织物在复原时的难度则更大一些。希望在服饰史的研究中有一个分支，专门从事从服装结构到裁剪方法、到织物原貌、到织造技术的研究，最后能够还原整套工艺流程。

参考文献

[1] 中国社会科学院考古研究所，定陵博物馆，北京市文物工作队. 定陵：中国田野考古报告集考古学专刊丁种第三十六号［M］. 北京：文物出版社，1990.

[2] 薛雁. 浅谈中国古代丝织物规格与服装的关系［J］. 古今丝绸，1995（1）：56-62.

[3] 刘瑞璞. 中华民族服饰结构图考·汉族编［M］. 北京：中国纺织出版社，2013.

[4] ZHAO F. Silk Dress with Golden Threads: Costumes and Textiles from Liao and Yuan Periods (10th to 13th century), Style from the Steppes［M］. London：Rossi & Rossi, 2004.

[5] 赵丰. 大衫与霞帔［J］. 文物，2005（2）：75-85.

[6] 赵丰，王乐，王明芳. 论青海阿拉尔出土的两件锦袍［J］. 文物，2008（8）：66-73+2+1+97.

[7] WATT J. C. Y, WARDWELL A E. When Silk was Gold: Central Asian and Chinese Textiles［M］. New York：Metropolitan Museum of Art, in co-operation with the Cleveland Museum of Art, 1997.

文物修复与服饰史研究

王淑娟 ①

摘要：服饰修复建立在文物实体之上，是与服饰本体密切接触的过程，也是服饰史研究的过程。我国从二十世纪七十年代起，专业人员在考古服饰修复过程中已开展了服饰史的研究，并对其起到了推动作用。近20年来，中国丝绸博物馆在长期的服饰修复工作中，逐步形成了对纤维品种、织物颜色、织物品种、服装形制及缝制工艺等以实物载体为目标分析对象的服饰史研究方式，以及为达成修复目的而采用的文献学、图像学等研究方法。本文以几组出土服饰的修复实例来说明服饰修复与服饰史研究互为促进的关系，指出服饰史研究是服饰修复的必要条件，加强研究将对修复产生极大协助作用，同时亦对其自身发展起到重要的促进作用。

关键词：考古服饰；修复；服饰史研究

考古发掘所出土的服饰类文物，因受墓葬等外部环境影响，常常导致产生污染、缺损、破裂、糟朽等病害，为了遏制病害的进一步发展，并使其得以治理，需要采用科学有效的技术手段对文物实施保护修复。对服饰本身的认知则是保护修复的基础与前提，而在修复过程中，工作人员往往会进一步加深对于服饰工艺的认识。

一、服饰修复的原则与依据

（一）服饰修复的原则

本文所提及服饰主要指考古类服饰，即从墓葬中发掘而得。考古服饰是纺织品文物中尤为重要的一部分，修复时需遵守纺织品文物保护修复原则。主要为如下四大原则：其一，最小干预原则，即对文物尽量少动、少添加材料尤其是新型

---

① 王淑娟，中国丝绸博物馆研究馆员，研究方向：纺织服饰修复与研究。

材料；其二，可识别原则，即保护材料与文物本身应该有着可以识别的标志，但也与文物相协调；其三，可再处理性原则，即对于所采用的保护处理，一旦需要更换修复材料或不需要原修复材料时，可设法除去并能使文物恢复到处理前的状态；其四，不改变原状原则，即在修复过程中不改变文物原有的形状、文物原有的结构、文物原来的制作材料、文物原有的制作工艺技术等，这也是最为重要的一个原则。[1]

（二）服饰修复的依据

在遵循修复原则的前提下，服饰修复的方法和修复材料选择，还需依据文物本体的工艺特征以及病害状况来确定。其中，工艺特征是重要依据，主要包括纤维品种、织物颜色、染料品种、织物品种、服装形制及缝制工艺等。纤维和织物品种决定修复材料的材质与品种；织物颜色和染料品种决定修复材料如何染色；服装形制是残缺不全的文物恢复完整形态的重要依据；缝制工艺同样决定了修复时是否能够按原始工艺进行拼合。

二、考古类服饰修复的发展历史

对于纺织品文物的科技考古和规范的保护修复，是从 1972 年湖南长沙马王堆汉墓开始的。当时中国科学院考古研究所的王㐨先生参与了整个发掘和保护过程，特别是对出土的大量丝织品进行了揭取，并同时进行了修复和加固保护，使得马王堆出土的丝织品至今得以完好保存。[2]王㐨先生对于马王堆服饰的修复，是基于文物本体的研究，针对出土服饰特点，采用新型加固方法，如丝网加固等，来实施丝织品的修复。另外，在后续对其他墓葬出土服饰的修复过程中，王㐨先生还进行相关的工艺复原。工艺复原是在研究文物本体材料的基础上，同时对传统制作工艺进行充分的研究，对于修复工作有极大的指导作用。

随着国家对纺织品文物考古与保护工作的重视，越来越多的文博机构和科研院所参与到纺织品文物保护的工作中。除了传统的物理修复方式，不断研发出具有针对性和适用性的化学加固方法和加固材料。这些新的方法与材料主要是基于服饰本体的材质与特点所研发，对传统制作工艺涉及较少。

中国丝绸博物馆是纺织服装类专题博物馆，从二十世纪九十年代中期开始系统化地实施纺织服饰的修复。并于2010年成立纺织品文物保护国家文物局重点科研基地，大规模地为国内乃至国外博物馆提供纺织服饰类藏品的保护修复技术服务。对于考古类服饰的修复，最早涉及新疆罗布泊小河墓地出土的4000多年前的毛织品，以及从战国伊始，一直到明清时期出土的各类服饰，其中尤以宋和明清居多。在长期的修复实践中，积累了较多的修复经验。同时，也在修复过程中努力开展服饰史的相关研究工作。

三、修复中的服饰史研究

（一）修复中服饰史研究的内容

如前服饰修复依据所述，在服饰修复前及修复过程中，均需对修复对象做服饰史的相关研究，即服饰的工艺特征。工艺特征包括两方面：一方面是服饰本体材料研究；另一方面是制作工艺研究。

材料研究包括纤维品种、纱线类型、织物品种、织物颜色、染料品种及装饰用金属线、绣线及其他装饰材料等，主要依靠设备进行图像采集、形貌观察及检测分析，并结合研究人员对检测结果进行分析归纳而获得研究结果。这些研究是选用修复材料的依据，也是制定修复方案的基础。

服饰的制作工艺研究包括服装面料的织染绣工艺、服装形制、服装的裁剪及缝制工艺等，这些研究主要侧重于服饰的制作方法，现代化设备无法进行全面的检测，信息获取更多地依赖于研究人员的观察、分析和判断。这其中，织染绣的传统工艺研究对于文物价值认知和复原具有极为重要的意义。由于目前修复材料多选用与文物相近的现代织物，所以对制作工艺的了解要求不高，只需材质与风格相近。而文物的形制及裁剪制作工艺则是修复所必须遵循的，这就要求修复人员对服装的结构及传统制作工艺有全面的认识。由于出土服装病害都比较严重，大多有缺损，甚至缺失较多，以至于很难辨认形制。此时，需要进行大量的研究工作。服装形制的研究往往是修复过程中难度较大的，形制明确后，还需确定服装裁剪、排料的方式及缝制的方法，从而按照原始工艺将残缺的文物补全修复。

（二）修复中服饰史研究的方法

修复是直接面对文物的行为，其所涉及的研究方法必然首先是在实物的基础上进行的研究，也就是实物法。从服饰留存的信息着手研究，是最直接、最准确的研究途径。残存在文物上的一根线头、一个针脚，都会为形制或者制作工艺提供关键的实证。所以，修复中全面仔细地观察和分析服饰所保留的每一个信息是非常重要的研究方式。

但是，出土服饰由于受到墓葬环境影响，病害程度不同，有些残缺严重，难以根据实物残留确定完整形制。而修复的目标总是在有据可依的情况下，尽可能恢复服装的形制。此时，需要借助其他资料作为佐证材料。首先，考虑参考同墓葬或同时期其他墓葬出土的相似形制的服装；其次，查阅相关文献记载资料，如二十四史中的《舆服志》、政书、类书、辞书、文学作品、论著、《天水冰山录》、《穿戴档》等[3]；另外，图像资料可以提供直观的服装款式，具有较强的参考性。如古代绘画作品、壁画、画像及塑像等，均可用作研究参考资料。

多年以来，中国丝绸博物馆在出土服饰保护修复的实施过程当中逐渐形成了一套科学化、系统化的保护流程。即从对服饰的检测分析开始，进而制定修复方案，再实施保护修复，以及在修复过程中同时开展研究工作，由此形成了研究型修复的模式。

（三）修复实例

以下介绍几个中国丝绸博物馆修复实践项目中在服饰史研究方面具有典型意义的修复实例。

1. 鸟衔花枝缎夹袄修复

此袄出土于江苏无锡七房桥明代钱樟夫妇合葬墓东室，即钱樟夫人华氏墓中，现收藏于无锡市文化遗产保护和考古研究所。从出土的两方墓志可知，钱氏是无锡的一大望族，而华氏为无锡荡口望族，钱华两家世代通婚，钱樟为吴越王钱镠的二十世孙。夹袄通袖长218厘米，衣长82.5厘米。对襟，平铺时两衣襟略有交叠，呈交领状，左衽，单层无衬里，下摆边缘内镶绢衬。袖作琵琶袖，袖口窄小，衣长及腰，平铺时两袖端略向下倾斜。夹袄面料为五枚二飞暗花缎，其纹样为花鸟纹，鸟作衔花枝状（图1）。[4]

在对夹袄形制调查中，发现下摆正面左右两侧均拼缝三角形面料，但背后无拼接，与常规古代服饰前后两面均有拼接的情况不同（图2）。为何会如此缝制？这在后续的修复过程得以解答。修复中，发现袖子反面的拼缝处正身一侧的拼接端做了斜省，因而使衣服平摊时左右两襟略向内收而成交领状，而非水平状（图3）。从而致使衣身下摆前面两侧少于背后部分，所以又分别拼接了一块三角形以使前后一致。

最终，根据所有信息和数据，完成夹袄的形制图（图4），并对破损部位进行了修复。此件服装破损情况不严重，整体保存完整，形制较易辨别。但是，其特别之处在于细节与常规不同。如无机会看到夹袄反面的拼缝情况，通过正面的观察或是仅在展厅观看，是比较难于确定此种缝制方式的。

图1　鸟衔花枝缎夹袄（修复后）

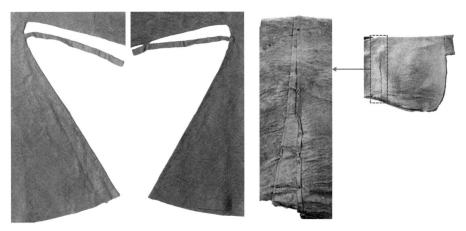

图2　下摆衣角前（左）后（右）　　　图3　左袖反面拼缝处

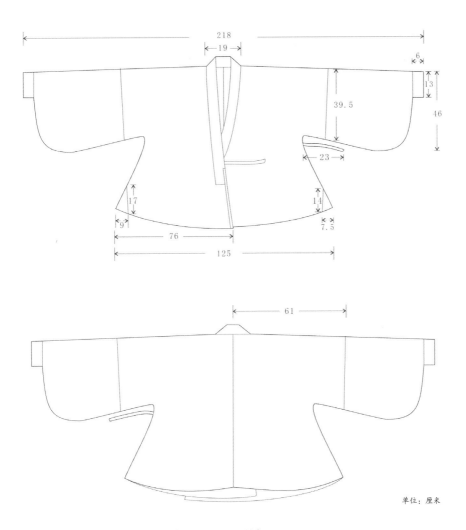

图 4　鸟衔花枝缎夹袄形制图（杨汝林、叶晔绘）

单位：厘米

2. 如意云纹褶裥裙修复

该裙出土于江西德安南宋周氏墓，藏于德安县博物馆。裙为一片式，由裙身和裙腰拼缝而成，腰两侧缝缀系带（图 5）。裙身高 77 厘米，裙腰高 12.5 厘米，长 119 厘米，系带长 80 厘米、宽 4.5 厘米。裙身由面料与衬里缝制而成，面料由 4 幅三经绞斜纹罗织物沿幅边拼缝，衬里、腰及系带为绢。裙身上部正中部位缝有 3 道褶裥，两两间距相等。褶裥自腰部拼缝处向下延伸 32 厘米，每个褶裥均为面料与衬里同时打褶，共有 3 个，

正面

背面

图 5 如意云纹褶裥裙（修复后）

图 6 褶裥纫缝针距

图 7 褶裥固定点位缝线

图 8 褶裥正面

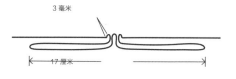

3 毫米

17 厘米

图 9 褶裥剖面结构图（叶晔绘）

竖立于裙身表面，由绗缝线缝合（图6），并在4个点位以缝线固定（图7），高于裙身平面3毫米。反面为两大褶分铺两侧，总宽度为17厘米（图8、图9）。褶裥下部松散，呈工字褶。[5]

此裙虽遍布破裂等病害，整体糟朽，但形制保存完整。修复前，对其结构细节并不完全清楚。因裙子展平上小下大，呈梯形，以致不少人认为裙身是由4块梯形面料拼合而成。

实际上，在修复的过程中，我们发现裙身仍是由4块整幅罗面料拼缝而成。因为，修复时为了添加背衬织物，不得不把腰部与裙身暂时分离开，并把裙身上的褶裥打开，分别实施修复，之后再按原工艺缝合复原。而裙腰与裙身分开之后，裙身上部的结构就可以看得非常清楚了。因此，可知

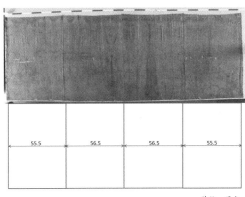

单位：厘米

图 10　裙身展开图及尺寸标识

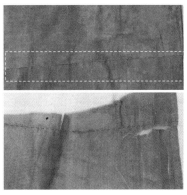

图 11　裙身与腰拼接处，上图为拆掉裙腰后，下图红线为缝线位置

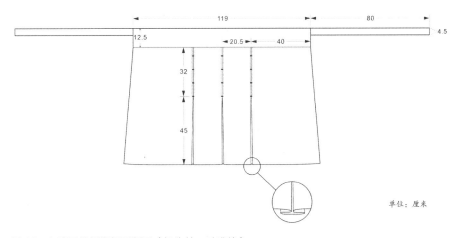

单位：厘米

图 12　如意云纹褶裥裙形制图（杨汝林、叶晔绘）

拼缝裙身的4块面料均为长方形而非梯形（图10）。造成罗裙上窄下宽的原因一方面是上部打褶，下部松散；另一方面是裙身上端左右两侧呈斜向缝入腰中，收入腰内部分较中间部分多，导致裙身呈扇形（图11）。

通过修复过程中的测量，可知裙身下摆总长224厘米，中间两幅的宽

图13　红色莲鱼龙纹绫袍修复后（正面）

图14　红色莲鱼龙纹绫袍修复后（背面）

度是 56.5 厘米，两侧幅面的宽度是 55.5 厘米（扣除缝份）。根据调研结果绘制形制图（图 12）。此裙结构清晰，但因缝制过程中的一些局部细节的变化，易使外观发生较大的改变，从而难以从表观判断其准确结构。修复的过程则恰恰提供了一次解剖文物的机会，从而对服装达到全面的认识。

3. 红色莲鱼龙纹绫袍修复

此件绫袍为上衣下裳连属，右衽。下裳腰部打褶，为 2 片拼缝而成，左侧开口，前片折至背后中缝位置，从而与后片部分重叠。绫袍面料 3 枚斜纹绫，红色莲鱼纹样，衬里为平纹棉布（图 13、图 14）。

此件绫袍修复前破裂为 11 块残片，经前期保护整理后，对每块残片的织物特征和相互关系进行分

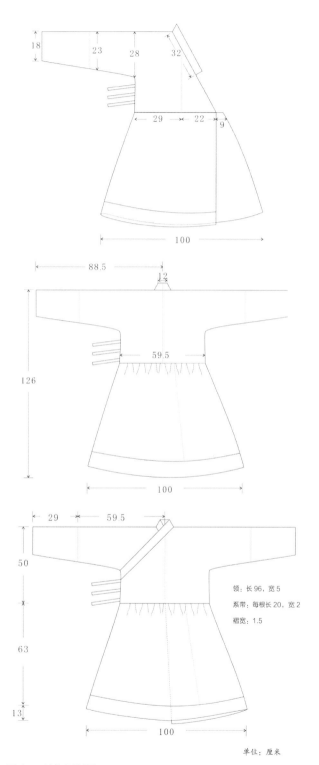

领：长 96，宽 5
系带：每根长 20，宽 2
褶宽：1.5

单位：厘米

图 15　绫袍形制图

图 16　绫袍形制推断过程

析，结合考古信息，可初步判断这堆残片应属同一件服装；再通过对残片的缝制工艺细节、形状特点的观察，参考现存同时代同地域服装的形制特点，明确主体形制，合理推测出不确定部分的形制，从而绘制绫袍形制图（图15）。[6] 推断过程如图16。

此袍因残缺较多，在修复过程中花费了大量时间用于形制研究，其目的在于对纺织品文物本体保护的基础上，尽可能恢复服装原有的形制，以挖掘和体现文物的价值。因绫袍部分形制为推断所得，故在今后如有

图 17　绀缔头衣（修复前）

更明确的依据，可再对其形制进行修改，以趋完美。

4. 绀绣头衣保护修复

如前几例所述，均是在修复过程中获取到有助于服饰史研究的信息。然而，有时我们孜孜以求的结果却不一定能够从修复中得以印证。如甘肃省文物考古研究所藏甘肃玉门花海毕家滩出土五凉时期的绀绣头衣，此件头衣在随葬衣物疏中有明确记载。修复前，仅存一小片

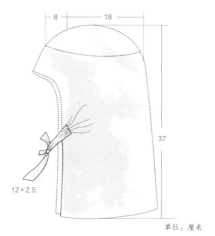

单位：厘米

图18　绀绣头衣形制复原图[7]

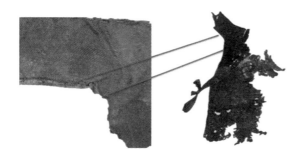

图19　绀绣头衣边缘缝制工艺

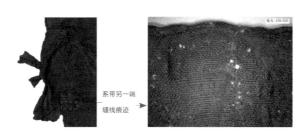

系带另一端
缝线痕迹

图20　绀绣头衣针孔痕迹

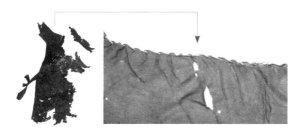

图21　绀绣头衣顶部边缘缝线

带有系带的弧形残片，以及一些散碎本色绢片，绢片或为衬里，或与头衣无关（图17）。从头衣所存主体外观形状较易推测其形态为风帽状（图18）。

但是，在修复过程中，通过对各种细节的观察，包括每个针脚、每一个针孔痕迹、折边的缝制方法等，与之前所推测的的形制无法吻合，经过反复查看、研究和试样，以现有的信息难以确定头衣的形制（图19~图21）。

最终，因无确凿依据，保护方式按平面残片处理，未能复原头衣的形制（图22）。期待以后能有新的发现或资料，可以使残片得以恢复成完整的头衣。

四、服饰修复与服饰史研究的关系

诸多纺织品文物修复实践证明，修复与服饰史研究是相互促进、相辅相成的关系（图22）。

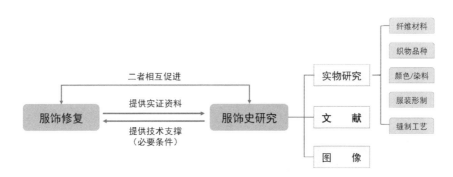

图22　修复与服饰史研究的关系示意图

修复在对实物充分认知的基础上方可实施，即首先需对服饰进行研究，在研究的基础上进行修复，没有依据的修复是不符合文物保护原则的。所以，服饰史研究能够为服饰修复提供技术支撑，是修复的必要条件。

然而，修复前对服饰的检测有时并不能获取全部的信息。在与文物亲密接触的修复过程中，往往能够进一步发现对于研究和修复均有重要意义的信息，从而为服饰史研究提供实物佐证资料。

因此，在修复中注重服饰史的研究、加强服饰史的研究将对修复产生极大的协助，同时亦对服饰史的研究起到重要的促进作用。

参考文献

［1］国家文物局博物馆与社会文物司. 博物馆纺织品文物保护技术手册［M］. 北京：文物出版社，2009.

［2］赵丰. 中国纺织品科技考古和保护修复的现状与将来［J］. 文物保护与考古科学，2008，20（S1）：27–31.

［3］包铭新. 中国染织服饰史文献导读［M］. 上海：东华大学出版社，2006.

［4］赵丰，楼航燕，钟红桑. 以物证源：2018 国丝汉服节纪实［M］. 上海：东华大学出版社，2019.

［5］赵丰，楼航燕，钟红桑. 明之华章：2019 国丝汉服节纪实［M］. 上海：东华大学出版社，2020.

［6］王淑娟. 敦煌莫高窟北区出土元代红色莲鱼龙纹绫袍的修复与研究［M］. 赵丰，罗华庆. 千缕百衲：敦煌莫高窟出土纺织品的保护与研究. 香港：艺纱堂／服饰工作队，2014：54–62.

［7］赵丰，王辉，万芳. 甘肃花海毕家滩 26 号墓出土的丝绸服饰［M］. 赵丰. 西北风格汉晋织物，香港：艺纱堂／服饰工作队，2008：94–113.

民族与近现代服饰研究

服饰史研究的回顾与展望
NSM Costume Forum

传承中的智慧

——苗族蜡染纹样结构与绘制程序考察

贺阳 [①]

摘要：苗族古老的蜡染纹样风格独特，装饰效果基于九宫格、米字格的结构特征变化而来，其绘制方法简单易学，变化形式多种多样，通过母亲教授女儿的方式，世代相传。本文通过记录蜡染纹样的绘制程序及纹样的变化，研究传统设计方法及其背后的造物思想。

关键词：蜡染纹样；苗族；程序；九宫格；米字格

一、缘起

从 2013 年开始，笔者五次带学生赴中国西南地区进行传统服饰田野考察，主要考察的品种为蜡染。在手织的棉、麻土布上以蜡防染，以蓝靛染色的蜡染，是一代又一代西南少数民族女性日常生活和节日庆典中最常见的服饰工艺。

每到一个村落，笔者都在寻找能画蜡染的人。带上事先准备好的蜡染实物照片，到处寻找可以绘画"花裙子""花衣服"的手艺人。遗憾的是，很多地方已经没有人画蜡染了，蜡染几乎被鲜艳的化学染丝线、腈纶毛线刺绣或机器印花所替代。以前，蜡染是传承千年、风格独特、普通易得的寻常服饰工艺，现在却因工艺相对复杂、学习和制作周期长、纹样古旧等原因，渐渐淡出人们的生活。女性们卖掉了以前带有老纹样的旧衣服，做起了新纹样、新式样的服装来穿。而年轻人也少有愿意学习蜡染这门手艺，她们认为彩色刺绣更漂亮，随时随地可以绣，很方便。比如，贵州关岭马槽洞花花苗（他称）的年轻人已经把蜡染纹样的衣服改成彩色丝线挑花了，虽然刺绣纹样还是按照古老蜡染纹样的样式，但蜡染独有的古朴生动的风格消失了。笔者在当地有幸看到一位50岁左右的女性为女儿们做衣服、画蜡染，但女儿们已经不会这门手艺了。

① 贺阳，北京服装学院民族服饰博物馆馆长，北京服装学院教授，博士生导师，研究方向：民族服饰文化研究。

贵州凯里乌吉苗寨画蜡染的人倒是很多，但所绘纹样都是新式的，有的做成围巾或桌布，大多卖给旅游者。广西隆林蛇场乡马场村素苗（他称）的老婆婆们早已不画蜡染，甚至没有保留蜡染的工具。应笔者的请求，这几位长者使用笔者在别处购买的蜡刀和蜂蜡演示了当年的手艺，可惜已过20多年，视力越来越差，手艺略显生疏，花样和程序也有些错乱。

但也有例外，云南麻栗坡彝族白倮人还在按祖先留下的方法画蜡染。这里的纹样未有大的改变，年轻女子也愿意学习，还怕自己的技艺不如他人，她们认为这是最终认祖归宗的符号，也很喜欢自己民族的纹样。

以往的蜡染纹样，结构严谨有序，与数理和规矩有关，纹样大多互为图底，讲究阴阳平衡；新纹样少了些规矩，更加随意自由，多为具象的花鸟类型，较为灵活。以往有些纹样看上去复杂多变，如果没有人教授，一时不知如何下笔，很难画对每个细节。带着疑问，笔者每到一处都会请求当地女性演示老纹样的绘制，边画边聊中得知女孩一般在六七岁时学习数纱绣，这是一种根据平纹布的纹理、数着纱线的根数进行刺绣的一种方法，多为几何纹样。学习数纱绣可以辅助理解和掌握纱线垂直、水平方向和错位形成的斜向之间的关系。纹样是基于网格结构的九宫格和米字格的变化。女孩通过学习刺绣，对纹样结构可以有一定的理解，到十五六岁再开始学习画蜡染，她们称之为"点蜡"。点蜡也是按照九宫格和米字格的结构来完成。

二、"程序化"——纹样易学的秘密

在过去，什么样的蜡染纹样放在衣服上，什么样的蜡染纹样放在裙子或背扇上，都是有讲究的。母亲教女儿，一般都从最简单、最基础的地方开始学习，是完全按照前人所传下来的方法和程序进行传承，其中"程序化"是最核心的手段，以下用几个调研的实例来说明：

例一：六枝特区梭戛乡高兴村 14 岁杨云珍家中采访记录

杨云珍学习蜡染两年了，即便嘴上说不喜欢点蜡和刺绣，但还是在母亲的指导下认真地学习模仿。

以下是杨云珍跟母亲学习的一个简单蜡染纹样的步骤：首先，顺着布的经纬线，用指甲在布上划出水平、垂直方向的线，压痕在布上形成连续的小方格（图1）；其次，在方格的对角线上画连续的三个点，相邻的四个方格画出方向不同的三个点，组成的"X"状的图形，然后再依次画出多个"X"图形（图2）；再次，在"X"之间的空白处填充由四个点组成的花朵，形成图和底关系得当的适合纹样（图3）；最后，在图形外围画两个方框，用短线条填充方框间的空白，一个完整的纹样就画完了（图4、图5）。

图1　指甲压痕

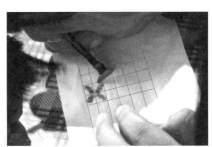

图2　在方格的对角线上画连续的三个点，组成的"X"状的图形

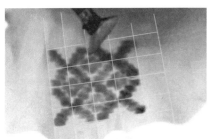

图3　空白处填充由四个点组成的花朵

图4　画外框

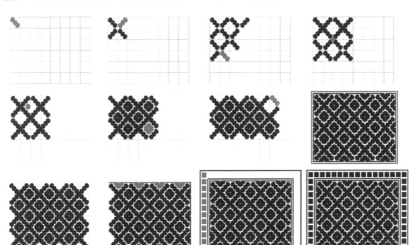

图5　纹样形成步骤图（研究生谢菲绘制）

杨云珍虽然是初学不久，技艺略显生涩，但有网格结构的控制，其大关系的把控还是不错的。好的效果会使初学者产生喜悦和成就感，也是激励初学者继续画下去的动力。按照程序来画，简单的要素可以通过组合变得丰富，也易于理解和掌握。

杨云珍目前还在学习基础纹样，她的母亲熊国秀则能利用基础纹样变化出更为复杂的组织与变化（图6）。母亲在为笔者做演示时，因为熟练的缘故，格子自在心中，所以并没有用指甲划格子，很快就绘制好了纹样（图7）。她的绘制步骤如图8所示：在"无形的小方格"结构中由外向里画，先填充正方形，三个为一组，组成"之"字形；垂直对称画出另一排"之"字形，组成菱形纹样；在菱形内部填充"扇形"，并重复；最后在中心部位填充"树叶形"，并重复。每个图形都占一个"无形的小方格"，图形顶端部分要充满方格的顶部，保证每个单位的最大值一致。这是一种在秩序中寻求变化，有节奏、有韵律、具有丰富细节与美感的艺术。

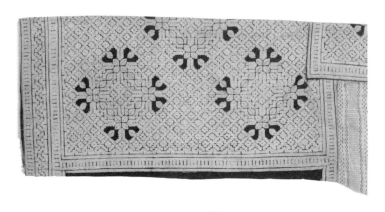

图6 熊国秀绘制的衣袖上的纹样

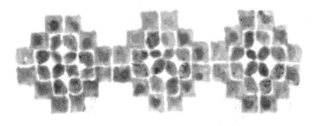

图7 熊国秀绘制的蜡染纹样

图8 纹样形成步骤图
（研究生谢菲绘制）

例二：毕节市织金县官寨乡 26 岁马嫣家中采访记录

马嫣学习点蜡两年左右，别的女孩由母亲传授点蜡技艺，但她小时候喜欢读书，十几岁的时候没有学点蜡。嫁人后在家教养孩子，得空才跟婆婆学习点蜡，主要给自家人做衣服用，有人买的话也会做一些贴补家用。

以下是马嫣绘制的"拉链形花纹"（图 9）的步骤：首先，用指甲在布上划了多排间距约为两毫米的直线；然后在设想好的位置上用蜡画两条细细的辅助线；最后在辅助线中间绘制一排连续的短竖线，在短竖线的上、下方再画出竖线（上、下排的短竖线需错位并空一格留白，共画三排短线形成"拉链形花边"）。她同时展示了只画两排短竖线的同种纹样，画出的纹样均匀整齐。

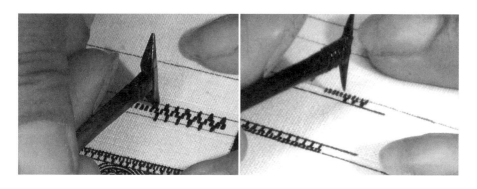

图 9　三排短线和两排短线"拉链形花边"

例三：安顺市关岭县顶云乡 63 岁杨银秀家中采访记录

杨银秀从十多岁开始学点蜡，成年后很少涉猎，直到三年前出车祸摔断了腿，无法再出去打工，这才重新开始点蜡。画成后将成品卖给不会画的村民，补贴一些家用。

杨银秀绘制的蜡染裙子中间部分纹样。她先用指甲掐出对折中线，拿一个三角板比对着，用指甲划出几排与中线成 45 度角的左斜线，再画与之垂直交叉的右斜线，两排斜线形成菱形网格（图 10）。然后，以菱形交叉点为中心，先画每个正方形的垂直方向的线，再旋转布料 90 度，画出正方形的水平线。这样操作是因为垂直画直线更加顺手，线容易保持平行，准确性高，减少布料旋转的次数（在绘制过程中，裙料两端长出的部分可以舒卷起来）。就这样，像流水作业一样完成多个小正方形之后，顺着指甲划出的斜线，连接这些小正方形（图 11）。接着，在画好的图形外加两圈与外形一致的轮廓线（图12）。沿着轮廓线外围装饰两圈小而密的点。需要注意的是，这里的点在方块中间部分的走势，由于空间太小而顺势连成了圆顺的弧形，形成直与曲、刚与柔的转换（图13）。完成了上述步骤后，在画好的像"三叶草"的图形空白处填充"十"字纹。边缘的空白处只有半个"三叶草"，只需画出一根垂直线。再用小点装饰这些刚画的线，显得丰满一些。最后，在最先画的小正方形内画出黑白分明的九宫格（图14）。

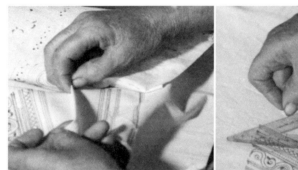

图 10　对折中线（左）和斜线菱形网格的绘制（右）

图 11　画斜线连接小正方形

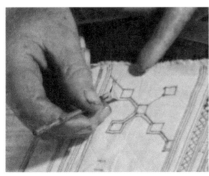

图 12　画两圈轮廓线

将画好的布片拿回后，笔者发现有一边缘处的垂直线边漏画了装饰的点，也许是忘了，也许空间狭小不方便画。可以看出，画的过程是随意而自由的，一两处不同并不影响图案之间的关系。

　　看似非常复杂的纹样，被程序分解成简单易学的步骤，在简单的骨架上，分层次绘制，使纹样变得丰满漂亮（图15）。

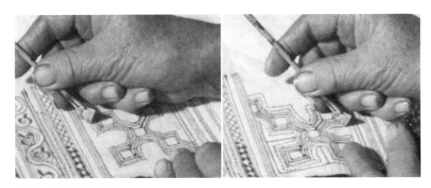

图 13　画两圈点状线

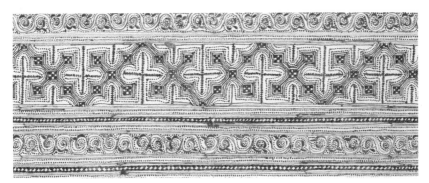

图 14　部分已完成的纹样

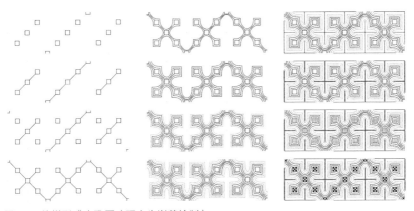

图 15　纹样形成步骤图（研究生谢菲绘制）

例四：黔东南苗族侗族自治州丹寨县扬武镇 81 岁罗云芬家中采访记录

一开始因为听不懂对方的语言无法进行采访。在与附近小卖部的人员打听后得知，罗云芬老人画的蜡染会卖到农村合作社去，那里收购后也许会再转卖出去。笔者及同行学生请罗云芬老人画了上衣袖子上的太阳纹和卍字纹（图16）。

以下是罗云芬老人绘制"太阳花"的步骤（部分）：第一步，将一块长方形的白布对折，在对角线方向再对折一次，用指甲压实折痕，打开布后会呈现三条放射状的直线（图17）；第二步，用废旧手电筒上的一个圆环扣在白布上，用力拍压，在布边中心处印出一个半圆形和围绕着它的四个圆形（图18）；第三步，在布边的半圆形处画三个半圆的弧

图16　袖子上的圆形太阳纹和方形的卍字纹

图17　折出对折线

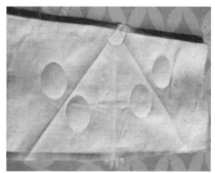

图18　在布上拍压出的圆圈

线，在宽一点的弧线内用点填充，之后顺着对折线的折痕，在半圆形中画两条相交的线，于"扇形"处填蜡（图19）；第四步，沿着对角线折痕，画出两条紧挨着的平行直线，在有圆圈印记的位置停住（图20）；第五步，另起头，以两条曲线为单位画一边的漩涡状圆圈，另一边也对称画上漩涡状圆圈，直到画满圆圈，两条线在圆心交汇成太极图样（图21）；最后，在漩涡外画月牙状图形，左右两边对称（图22）。

图19 填蜡过程（1）

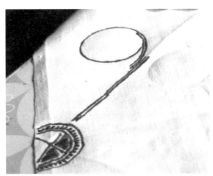

图20 填蜡过程（2）

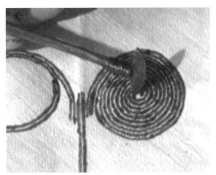

图21 填蜡过程（3）

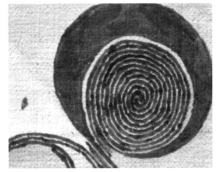

图22 填蜡过程（4）

因为时间关系，此次没有让老人按步骤画全，在笔者明白图案形成过程后，老人开始演示卍字纹图案的绘制（图23）。老人先在两条平行线的垂直方向处画出五条依次缩短的一组平行线，再将布料旋转90度，画出四条依次缩短且与上组线垂直相连的另一组平行线，之后将布料旋转90度，画出另一组平行直线，也是四条（图24）。然后，老人第三次将布料旋转90度，这次要画出七条平行直线，这里需要注意的是，外侧的三条依次缩短的平行线是下一个连续的卍字纹的开始。接着，在围合的方框中心，画出"十"字，之后以一个三折的回纹连接直线和十字纹末端（图25）。这里每画一个三折的回纹，都要旋转布料90度（因为布料较小，转动方便），直至画完卍字纹。之后便是重复画下一个卍字纹（图26）。

老人采用同一方向的线条成组画，旋转布料再成组画的方法。简化了步骤，提高了效率，线条间的平行关系更加精准。把图形编成组，便于理解结构，也不会看得眼花头晕算不清圈数。这样的步骤，即使一边画、一边带孩子、一边喂鸡、一边聊天都不会画错。

图23　袖子上的卍字纹（局部）

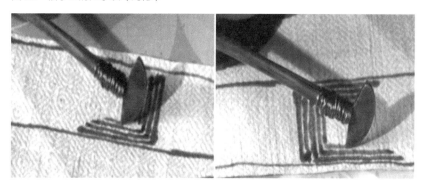

图24　画出平行线

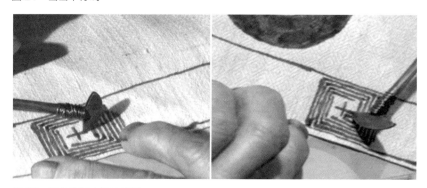

图25　围合方框中画十字纹

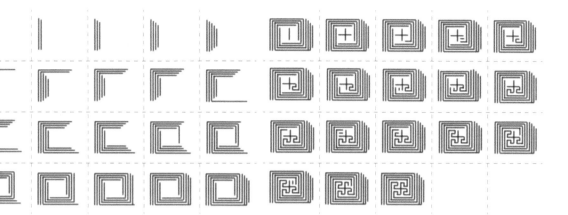

图 26   纹样形成步骤图（研究生谢菲绘制）

例五：六枝特区新窑乡桥梁村 40 岁王兴玉家中采访记录

在抵达寨子后，经四处询问，笔者及同行学生找到了王兴玉家。王兴玉正在画裙子上的蜡染纹样，横条纹的蜡染纹样看似简单，实则每个条纹的宽度和顺序都有讲究。宽窄不同的长长的直线中间，穿插着旋涡纹、锯齿纹、小花朵等，靠下摆处用直线和锯齿纹间隔出的许多方形中，是各种变化的纹样（图 27）。

在王兴玉的笔下，造型不同的纹样丰富有趣，本次展示的是其中的几种八角星纹样的画法。八角星纹样的画法有两种结构，一种是方格内画"井"字的九宫格结构，另一种是画对角线的米字格结构。在这两种结构的基础上可以变化出多种八角星纹样的样式（图 28、图 29）。

图 27   裙子蜡染纹样绘制

图 28   五种不同八角星纹样的绘制步骤

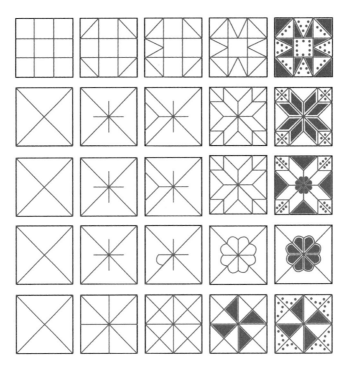

图 29 纹样形成步骤图（研究生李欣慰绘制）

三、万变不离其宗——基础结构与万千变化

仔细观察苗族蜡染纹样，很多都是从九宫格、米字格的结构中变化而来的（图 30、图 31），每一个图形元素都源自结构也依附于结构，层次分明，不易出错。

观察苗族服饰中的古老纹样，我们可以感知纹样中的"规矩"，结构大多为基于方形、菱形以及对角线的基本结构，也就是九宫格、米字格的基本结构。纹样在框架约束中形成，但稍做增减和变化，就可以变化出丰富多采的纹样组合（图 32~图 34）。

四、结论

苗族蜡染的纹样以九宫格、米字格结构为构成基础，配合直线、曲线、圆点、圆圈、扇形、方形、三角形、锯齿形等简单图形元素，组合成二方连续或四方连续的样式，在变通中呈现多样性，但依然保持鲜明的族

图 30　以九宫格结构绘制的纹样
（研究生谢菲绘制）

图 31　以米字格结构绘制的纹样
（研究生谢菲绘制）

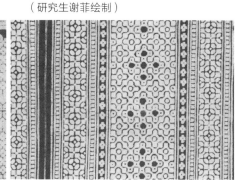

图 32　六枝特区梭戛乡苗族上衣袖子蜡染纹样

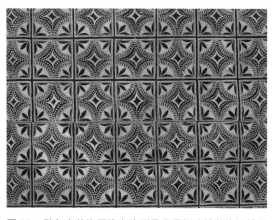

图 33　黔东南苗族侗族自治州丹寨县扬武镇苗族被单蜡染纹样

图 34　贵定县小花苗服装纹样

民族与近现代服饰研究　　**081**

群风格特征。好的设计能经受住时间的考验，满足功能和审美的双重需求，是持续使用和传承的结果。

简单的方法使得绘制蜡染纹样变得容易，技艺门槛低，可迅速掌握。这是先人留下的可传授的方法，具有普适性，同时也蕴含了深刻的仁厚与慈悲。有些女性在结婚后开始负责家庭所有成员的穿衣问题，而蜡染的方法简单易用，能减轻相应劳作的压力。这种简单的技术一旦入门以后，又有极大发挥的弹性与空间，女性可以在技艺熟练的过程中发挥想象、精进到更高的境界，这就是传统的玄思与力量。

每一块手工完成的蜡染纹样，都是独一无二的，即使是相同的主题也表现得风格多样，这既与地理环境、习俗和民族文化相关，也与绘制的工具、材料和程序相关，更为重要的是，与每一位手作女性的独特体会和感悟相关，是群体沿袭与个人观察的互动结果。

以恭敬、谦卑的态度向画蜡女性学习，以手艺的程序设计为基本线索，研究传统造物的思想与逻辑，继而感受想象的力量与手的智巧。

近20年民国服饰史研究现状综述

摘要： 本文运用文献学、学术史研究的方法，对近20年来民国服饰史研究的成果进行了检索、梳理，通过对民国服饰史研究之基本发展脉络、范式演变的考察，概述了通史、断代史、门类史及相关文献研究中学者、机构等取得的主要成果，分析了民国服装史研究的选题特征、方法途径、关键词，以及存在的批判性、反思性、系统性研究成果明显不足等问题，提出了作者对民国服饰史研究的向度预设与范式转换等方面的思考。

关键词： 民国服饰史；研究现状；综述

探讨民国服饰史研究的现状与发展，无疑必须从学术史的视野出发。而学术史研究的目的、宗旨在于探索过往学人及其学术活动（学科、学派、学术思潮）的历史价值和学术价值，反思学术研究中存在的问题，理解当下、展望未来的学术发展方向。而学术史研究的任务是提炼学术思想、总结学术方法，并对学术范式演变、发展脉络、学术得失进行考察、评述、剖析，从学术发展的演变中概括某些规律性的认识，并从理论层次上"示来人以轨则"。[1]学术史研究的主要内容既包括学派、学者、学术机构、学术思潮，以及著作资源、文献资源、口述资源、实体资源等，还应包括对诸如学术期刊、网站、出版机构、学术媒体的考察和研究。从研究的角度来说，既可以是某一专门学科领域，也可以涉及多学科。因而，从宏观的角度来说，学术史研究是包括学术思潮、学术争鸣、学术流变、学术发展的整体综合性研究。[2]

一、民国服饰史研究的历史情境及史料特点

民国时期虽然只有短短的38年，但却是一个"两极相逢"、躁动不安，糅杂了东方与西方、传统与现代等各种对

龚建培①

---

① 龚建培，南京艺术学院教授，硕士生导师，研究方向：纺织服装历史与设计。

立因素，同时，在文化艺术发展方面又展现出思想活跃、百家争鸣、自由开放、群星璀璨的盛况。从整体上说，民国初期是中国近代设计的发端，而民国"黄金十年"（1927—1937）则是中国近代设计走向商业化、大众化、中西文化融合的繁荣时代。中国近代服装设计体系在此期间也得以初步建立，培养了我国第一批服装设计的专门人才，给我们留下了丰富、多元的设计遗产。作为中国服装设计史上一个具有承上启下意义的重要阶段，对其设计形态蜕变、文化融合、创新品种积累的嬗变过程，设计转型的多样性、不平衡性，开放、包容意识下与国际语境接轨历程等的批判性研究，不仅是对民国服装史、服装设计价值的再认识、再探索，还具有以史为鉴、观照当下的重要意义，为建构依托传统文化脉络，且符合全球化交流、传播的现代中国服装自主设计体系，提供了多元的启迪。

民国时期的服饰研究史料与清末之前的史料相比，可谓是丰富多彩。除了有遗存较多的服饰实物外，历史文献、存世老照片、报刊杂志、商业广告、插图绘画、制作工具等，都为我们研究民国服饰史提供了比较详尽的史料。

但不可否认的是，在这些林林总总的历史文献中，由于历史观局限，以及文化开放、百家争鸣所带来的一些混杂、浅显现象，使这些文献资料不可避免地存在采信性的良莠不齐，同时还存在实物、史料存量碎片化程度高等复杂因素。因而，对史料的全面掌握和运用中如何参证辨伪、征实求真，成为了民国服饰史文献运用中需要特别重视的一个问题。

二、著作类研究成果的现状与讨论

对于目前民国服装史的研究来说，总体呈现为"民国热"表象下研究成果偏于薄弱的特点。而这一特点的形成，其一，既基于民国史料的丰富，又涉及到民国史料繁复下难以终极其全的现实；其二，在服装史研究中，专注民国服装史研究的学者、学术机构相对较少，难以形成一定的学术"气候"；其三，由于意识形态的惯性，对"民国"问题的研究还存在着某些忌讳之禁。因而，民国服装史研究方面，有学者称之为"相对寂廖的研究领域"。

（一）通史类研究中民国部分的"缺席"与"薄弱"

在相关学者出版的通史类成果中，袁杰英《中国历代服饰史》（1994），黄能馥、陈娟娟《中国服装史》（1995），袁仄《中国服装史》（2005），卞向阳、崔荣荣、张竞琼等《从古到今的中国服饰文明》（2018）等，都以纪年为脉络，概述了中国服装发展的历程。其中部分成果止步于清末，部分成果虽专列了"20世纪前半叶"等，但大部分通史类成果对民国服装设计的涉及甚微，不免造成了服装通史研究中民国部分的严重缺失。这种缺失不但影响到中国服装设计史的完整构建，对近代设计史的研究来说也是一种缺憾。

（二）"百年史"、近代史研究中线性陈述为多与问题意识不足

"百年史"、近代史研究的主要特点是探讨某一时期服饰发展的历史状况。在"百年史"的成果中，第一类主要以时间为线索的发展研究，安毓英、金庚荣《中国现代服装史》（1999），杨源《中国服饰百年时尚》（2003），华梅《中国近现代服装史》（2008），廖军、许星《中国服饰百年》（2009），袁仄、胡月《百年衣裳：20世纪中国服装流变》（2010）等，依然保留了编年史的特点；第二类为以形制、类型等为主的研究，包铭新《近代中国女装实录》（2004），崔荣荣、张竞琼《近代汉族民间服饰全集》（2009）等。"百年史"类著作资料性比较强，但总体来说，存在着以"问题意识"能动地选择、分析和组织史料，以及提出问题、创制"对象"意识不足的情况。

（三）民国史研究中专业性、学术性成果的缺失

作为断代史研究，通常为探讨某个时期、某些服饰设计现象生成的内在和外在的原因，揭示其规律，关注某一时段中各门类之间的关系，多角度地阐述某种艺术形态在特定时期的演进状况。目前专门研究民国服饰史方面的成果并不多。周松芳为文史学者，《民国服装史》（2014）是其给南方都市报《民国衣冠》专栏所写的一部文集，主要以民国服饰与社会政治的关系为切入点，对中山装、旗袍、西服、校服以及与服装相关的事件、传统与新时尚等话题进行了颇为有趣的论述。周松芳虽引用了大量民国报刊杂志的资料，但基于以时尚文化专栏"通俗流畅"的

写作要求，因而并非是一部专业性的服饰史的专著。徐华龙是民俗文化学者，其《民国服装史》（2017）上篇主要是按编年的线索，从较为宽泛的视角对民国服饰文化的发展与变迁进行了论述；下篇以上海、山东、边疆为例，陈述了三地服饰的现状、特征、时尚等。上述两部著作以服饰文化现象和文献阐释为主，未能涉及与服装设计相关的问题。孙以年、马未都的《民国艺术》（1995）从民国艺术发生的背景、如日中天的京剧、蜕变的传统画坛、上海——东方的好莱坞、万历精神的复兴五个方面阐述了民国艺术发展的杰出成就，其中也涉及民国服装。其独到的选题和丰富的文字、图像史料为服饰史研究提供一种新视域。

（四）地方史研究中区域重点的偏颇

上海是中国近代和民国时期服饰发展的中心和重镇，要研究民国的服饰史无疑要聚集目光于上海。上海之所以能够成为近代中国乃至东亚的时尚中心，除了其特殊的地理位置、发达的经济、蓬勃的商业、悠久的文化背景之外，由于受西方思想观念、生活方式的影响而形成的开放包容、多元共生、兼容并蓄的海派文化，是近代及民国服饰得以迅猛发展的重要因素之一。在民国时期的地方服饰史中，上海和海派文化就成为了研究的关注点。卞向阳《中国近代海派服装史》（2014）在第三章中对民国时期上海时尚中心的形成、摩登的流行、流行的服装、服饰品类，以及服饰行业的总体和个案情况进行了较为详尽和深入的论述。徐华龙《上海服饰文化史》（2010）以纪年的方式，从文化学民俗学的角度对上海服饰文化进行了论述和介绍。而其他地域的民国服饰史则明显单薄。

（五）专门史研究的"系统化"匮乏

专门史研究的共同特点是在全面或部分占有原始史料的同时，以实物和文献相互印证、相互补充、阐述并展现了某一研究对象的地域文化、技术、材料或产业发展特征，比其他的研究方法更能微观、深入地把握某一门类服饰的历史发展线索和特有规律。在这类研究成果中，关于旗袍研究的有包铭新《中国旗袍》（1998），薛雁《华装风姿：中国百年旗袍》（2009），刘瑜《中国旗袍文化史》（2011），龚建培《旗袍艺术——多维文化视域下的近代旗袍及面料研究》（2020）等。而"中山装"的研究成果寥寥无几，"文明新装"则未见专门著作类成果。中国第二历史档案馆《民国军服图志》（2003），刘瑞璞、陈静洁《中华民族服饰结构图考·汉族编》（2013），梁京武、赵向标《二十世纪怀旧系列·老服饰》（1999），南京博物馆展"美色清华——民国粉彩时装人物瓷绘"（2016），李胜菊、月月《五彩彰施：民国织物彩绘图案》（2019），分别从民国军服、服饰结构、服饰老照片、粉彩时装人物、民国织物彩绘图案等进行专门研究。

（六）中外史比较研究有待加强

中外服装史的比较研究的主要成果有：张竞琼、蔡毅《中外服装史对览》（2000），李楠《现代女装之源：1920年代中西方女装比较》（2012），贾玺增《中外服装史》（2016）等。中外服装史的比较研究是对服装与服装之间，中外服装设计者、使用者、消费市场之间的相似性、相异程度以及相互影响的研究与判断。通过对民国时期中外服装近现代历程的比较研究，可以更加准确而全面地还原民国时期的整体服装风貌，把握我国古代服装向近现代服装转变的根本规律与影响因素。围绕民国时期中西服装的交流展开研究，包括交流的内容、载体、路径及意义等，可以对当时文化交流走向的判断更加清晰，并明确民国服装在向现代化转变的历史必然性以及服装交流对民国服装发展的重要意义。[3] 在民国服装史的中外比较研究方面，尚缺乏目标指向、比较范围、比较性质明确，探求普遍规律与特殊规律的著作。

（七）综合研究中宽泛视角的借鉴

在民国服装史的其他研究中包括了服饰思潮、服饰评论、服饰图像、服饰与女性革命、服饰与广告、服饰与画报、服饰与绘画、服饰与社会生活等方面。这部分研究成果虽说和民国服饰设计没有非常直接的关系，但其又是民国服饰史重要的组成部分，为多元化的民国服装史研究提供了宽泛的视角和基础史料。同时，一些哲学、历史学界的学者就民国服饰与社会发展、海派文化、西方文化的关系，提出了很有见地的观点，这些观点很值得我们在研究中学习和借鉴。

（八）讨论与反思

仅从上述著作类成果来看，概述性、纪年线索性、图录性研究成果占有较大比例；研究对象的类别上也存在着比较严重的畸轻畸重的现象，在文明新装、民国旗袍、中山装等服饰的历史起源，文化承袭，形制、结构变迁等方面，很多学者作出了专题性探索，取得了不菲的阶段性成果，但仍有很多类别、关键问题还悬而未决或值得商榷。笔者认为这与近代纺织服装史研究相似，民国服装史研究中对创造主体，即服装的创造者（或制作者）和使用者的研究刚刚起步，与宽泛的文献考证、资料整理相比较，区域性生活方式、消费模式与服装设计思想、设计观念及微观、个案的深入研究不足。在既有的成果中，多局限于某个类别、某种工艺方法的狭窄视域内，重复研究现象比较普遍，从历史情景、文化观念、艺术思想、科技价值的角度，对服装设计"造物事件"的转型与变革过程逻辑关系的反思与批判性研究较为缺乏，更缺乏从整体时代特征上进行系统研究的争辩商榷、讨论评议性研究，导致研究探讨力度、深度不足的现象。[4]很多相关的民国服装史文献资料还处于收集、整理的零散状态，服饰史研究还需竭力发掘，同时增强筛选、甄别的能力。

三、论文类研究成果的现状与讨论

涉及民国服饰相关的论文类成果较多，因篇幅所限，本文仅以"民国服装""民国服饰"为篇名，通过"中国知网"对近20年（2000—2020）来发表的论文类成果进行检索，以成果的主要主题和次要主题的分布情况为主，对民国服装史研究论文的研究方向、研究特点、方法途径以及相关学术机构等情况进行简单的综合性考察、分析。

（一）以"民国服装"为篇名的检索与分析

以"民国服装"为篇名，中国知网检索到文献68条，其中学术期刊27篇，学位论文31篇（博士论文5篇，硕士论文26篇），其余10篇。从论文发表数量看，与其他设计学科以及古代服装史研究比较，成果弱势明显。从主要主题和次要主题的分布来看，研究方向和选题主要集中在女装设计、服装设计、服装广告、民国旗袍、服装画、西风东渐等显性的服装本体问题之上（表1）。研究机构集中在：江南大学、北京服装学院、重庆师范大学、南京艺术学院、苏州大学等。

（二）以"民国服饰"为篇名的检索与分析

以"民国服饰"为主题，中国知网检索显示可检到文献126条，其中学术期刊 73 篇，学位论文 32 篇（博士论文 1 篇，硕士论文 31 篇），其余 21 篇。从主要主题和次要主题的分布上来看，研究方向更集中在女性服饰、男性服饰以及服装文化、特征、造型、样式的变迁、演变之上（表2）。研究机构集中在：北京服装学院、江南大学、广东工业大学、东华大学、河北大学、嘉兴学院、苏州大学、武汉纺织大学等。在上述多所院校中已经形成了民国服饰史研究的学术氛围和以某些学者为主的研究体系。

（三）讨论与反思

从"民国服装"为篇名和以"民国服饰"为篇名的比较来看，主题词中：民国时期、女性服装、服装设计、服装广告、服装画、民国服装、民国旗袍、西方东渐、服装文化、服饰形象、服装产业、文化价值、服装造型等重合率达近 50%，可见对民国服饰（服装）史的研究还处于美术史和工艺史的传统线型研究框架之中，跨学科、交叉性的研究比较少，研究视域的前沿性、开拓性欠缺，对设计根源、本质、作用、价值的关注不够（表3）。

在上述基础上，进行再检索可知，以"民国服装"为篇名可检索到文献 40 条，其中学位论文 7 篇（博士论文 1 篇，硕士论文 6 篇），占总数的 17.5%；以"民国服饰"为篇名的论文共 119 篇，其中学位论文 30 篇（博士论文 2 篇，硕士论文 28 篇），约占总数的 25%。可见学位论文在民国服饰（服装）研究中占有比例偏弱，博士论文更是只有区区 3 篇。提高学位论文在研究对象、运用理论、研究时段、研究范围的明确性，研究概念、逻辑、方法、认识论的合理性，以及选题的创新性、问题意识等方面，都是民国服饰史研究中必须认真对待的重要问题。

从论文类研究成果的分析来看，整体上存在以下几个值得讨论和反思的问题：

其一，在文明新装、民国旗袍、中山装等服饰的历史起源，文化承袭，形制、风格、色彩、审美、结构变迁等方面，很多学者作出了专题性探索，取得了不菲的阶段性成果，但很多关键问题还悬而未决或值得商榷。在研究方法和途径上还需要依托典型案例，以新范式、新理论揭示技术和造物表象下设计的本质特征和内涵。

其二，在既有的成果中，宽泛的文献考证、资料整理、概述性、图录性研究成果较多，局限于某个类别、某种技术方法、艺术特点的重复

表 1　以"民国服装"为篇名检索：主要主题和次要主题统计

主要主题	民国时期	女性服装	服装设计	服装广告	民国旗袍	服装画	服饰文化	服饰形象	西风东渐	上海地区	《妇女杂志》	服装评论	改革开放	现代服装	服装产业	时装业	文化价值	特点研究	服装史料	月份牌美术	分析与应用	租界时期	内在需求	社会变迁	审美转变	服装造型	女性形象	设计师	审美观念	特征研究	皮革服装	纺织服装业
数量	26	5	4	3	3	3	2	2	2	2	2	1	1	1	1	1	1	1	1	1	1	1	1	1	1	1	1	1	1	1	1	1
次要主题	民国时期	叶浅予	文明新装	服装造型	服装设计	广告创意	时装画	西风东渐	改良旗袍	基本特征	人体曲线	民国女装	出版业	文化自信	二维平面	现代旗袍	服饰搭配	西方时尚潮流	中山装	服装设计师	中国特色社会主义	社会变迁	构成要件	学校服制	民国女装	产品创新设计	文化符码	女性形象	广州女性	服饰元素	皮革服装	《广州民国日报》
数量	7	3	2	2	2	2	2	1	1	1	1	1	1	1	1	1	1	1	1	1	1	1	1	1	1	1	1	1	1	1	1	1

表 2　以"民国服饰"为篇名检索：主要主题和次要主题统计（部分）

主要主题	民国时期	女性服饰	服饰文化	民国服饰	民国女性	服饰变迁	服饰研究	服饰形象	服饰演变	服饰特征	风格演变	西学东渐	《良友》	服饰色彩	传统服饰	服饰时尚	男子文化	租界文化	服饰变革	男性服饰	服饰审美	服装造型	民国旗袍	特征研究	民国初期	彝族服饰	服饰风尚	实践活动课程	都市文化	女性服饰心理	服饰变迁	改良旗袍	影视剧
数量	57	28	10	9	6	5	4	4	3	3	3	2	2	2	2	2	2	2	2	2	2	2	2	2	2	2	2	2	2	2	2	2	2
次要主题	民国服饰	民国时期	中山装	服饰文化	服饰变革	张爱玲	西风东渐	改良旗袍	民国女性	中式服饰	服饰形象	上海文化	服饰广告	鸦片战争	历史剧	研究价值	服饰流行	江南地区	民族服饰	民国社会服饰	服饰制	服饰信息	穿着解放	文物鉴赏	服装样式	女性形象	中国服饰文化	学生群体	女性服饰文化	民国初期	社会变迁		
数量	17	14	11	8	5	4	3	3	3	2	2	2	2	2	2	2	2	2	2	2	2	2	2	2	2	2	2	2	2	2	2		

表 3　"民国服装"与"民国服饰"为篇名检索的主要主题比较

以「民国服装」为篇名	民国时期	女性服装	服装设计	服装广告	服装画	现代特征	北京服装学院	西风东渐	民国旗袍	服装评论	改革开放	现代服装	服装产业	服装业	文化价值	特点研究	服装史料	画家群体	服装文化	天乳运动	皮革服装	服装工艺	审美概念	纺织服装业	设计师	创新运用	服装造型	沪	民国服装
以「民国服饰」为篇名	民国时期	女性服饰	服饰文化	民国服饰	民国女性	服饰研究	服饰变迁	服饰形象	服饰演变	服饰特征	服饰流行	风格演变	西学东渐	服饰风尚	服饰色彩	服饰时尚	传统服饰	男子文化	服饰变革	男性服饰	服饰审美	服装造型	民国旗袍	特征研究	民国初期	彝族服饰	元素分析	现代服饰	都市文化

研究现象比较普遍。缺乏从历史情境、社会背景、文化观念、科技价值和生活方式等角度，对民国服饰"造物事件"的转型与变革逻辑关系的反思性、批判性的深度研究。

其三，以"问题意识"主导的服饰与社会变迁、消费模式、设计观念、设计规律的深度研究不足，更缺乏从整体时代特征和设计观念角度进行的"争辩商榷、讨论评议"研究。

其四，很多民国文献资料都处于需要深入收集、整理阶段，现有的一些文献研究还处于零散状态，存在考证不足，结论浮躁的现象。如何皓首穷经地发掘、收集、整理仍处于零散状态的服饰史料，并加以科学的筛选、甄别，这是一个必须重视的问题。

四、结语

民国时期作为中国服装设计史上一个具有承上启下意义的重要阶段，其设计形态的蜕变、多元文化的融合、创新积累的嬗变，无论是从规模、广度、深度上看都是其前代无法比拟的。民国时期在服饰观念、服饰创造者、服饰时尚中心、流行阶层性、消费迁移性、女性地位等方面都存在着其历史情境的特殊性。在设计转型的多样性、世俗化、大众化、不平衡性，以及开放包容意识下与国际语境接轨的快速发展中，还存在着"消化不良"所造成的文化语义的暧昧性、文化自觉的非确定性，以及"拿来主义"盛行下的肤浅与混杂等，这些都是研究民国服饰史时不可忽视的特殊历史语境。从历史学及服饰史研究发展角度来说，对学术新向度、新范式的关注、预设和运用，可以为民国服饰史的研究提供了更多创新途径、问题意识的启示。

英国设计史学者乔纳森·M.伍德姆（Jonathan M. Woodham）认为：进入近代以后的设计作为物质文化的产物，与大众生活紧密相关，设计的杰作不是在博物馆而在市场。[5]民国时期服饰史的研究无疑必须转向消费模式、普通民众生活以及"大众文化"等方面。如何从传统"精英化"的物态研究转变为"大众化"生活消费动态研究，如何从民众生活消费与设计发展的关系中获得"问题"与"答案"，也成为了民国服饰史研究的重要向度。

挪威学者谢尔提·法兰（Kjetil Fallan）曾提出：设计史已然不再是

设计物及设计师的简单历史，而是塑造物、人以及观念之间相互关系的历史。[6] 从具体设计方法、一般设计方法的阐释性研究，到反思性的设计观念、宏观设计思想的观念性研究，已成为近、现代设计史研究中价值取向和评价尺度转向标志之一。针对某一类服饰成果或实践过程的客观探讨，是传统服装史研究惯见的途径和方法。为了使研究成果具有相对的普遍意义，就必需将研究提升到"一般设计方法研究"之上，使研究成果更能突显个案研究的价值，解析设计成果的整体属性。从具体设计方法、一般设计方法的阐释性研究，到反思性的设计观念、宏观设计思想的研究，已成为目前服饰史研究价值取向和评价尺度转向标志之一。

以历史文化为基本语境，借鉴图像学的研究方法，在历时性与共时性中揭示服饰实物、图像、文献与母题、形象变迁的相互关系，并对题材、寓意等给予社会文化层面的解释已经成为艺术学、设计学研究的一种新的途径。在民国服饰史的研究中，如何在充分运用"图像证史"方法的同时，强调以"图像即史"的观念来阐述图像文献的独立意蕴，强调图像系统的自主地位，尽量摆脱其作为文本文献附庸的身份，建立一种以图像系统为主体、有效解读服饰历史现象的研究途径，这也应该成为民国服饰史研究的一种新范式。

从学理的角度说，早期的民国服装史研究，多为美术史或工艺美术史研究范式的"挪用"。无可否认，美术史与设计史的研究对象是相异的，对象的不同必然决定其研究范畴及研究方法的差异。两者最大的差异在于其研究对象存在的方式，以及由此所导致的历史信息读取方式。美术史或工艺美术史所面对的，是一件件具有独特个性的差异化作品，其研究的设定是从作品信息中，读取这种差异化产生的原因及影响。而民国服饰史研究主要应该面对的是围绕着社会需求变化而调整自身方略的设计、生产、销售或相关服饰文化活动，经过设计而完成的服饰本身只是这些活动的组成部分，而不是这种创造性活动的全部。因而，对研究基本范式转换的认识和关注是推进民国服饰史发展的一种前提条件。

参考文献

[1] 徐思彦. 当代中国学术史: 仅有文本是不够的 [J]. 云梦学刊, 2005 (4):
21-22.

[2] 叶继元. 宜用新的研究方法研究 "当代学术史" [J]. 云梦学刊, 2005 (4):
18-20.

[3] 张竞琼, 许晓敏. 民国服装史料与研究方向 [J]. 服装学报, 2016 (1):
94-100.

[4] 雷绍锋. 中国近代设计史论纲 [J]. 设计艺术研究, 2012, 2 (6):
84-90+117.

[5] 乔纳森·M. 伍德姆. 20世纪的设计 [M]. 周博, 沈莹, 译. 上海: 上
海人民出版社, 2012: 4.

[6] 谢尔提·法兰. 设计史——理解理论与方法 [M]. 张黎, 译. 南京: 江
苏凤凰美术出版社, 2016: 3.

激情、客观与理性
——论中国当代服饰史研究

卞向阳 ①

摘要：自 1978 年改革开放以来，中国的服饰发生了天翻地覆的变化，由此构成了中国当代服饰史的研究主体。就中国当代服饰史研究来看，首先，梳理和界定相关理念和范畴；其次，从史学的角度回顾中国当代服饰史研究的已有成果；再次，讨论中国当代服饰史研究的角度、内容、方法、途径；最后，展望和思考中国当代服饰史研究的未来走向。

关键词：服饰；历史；中国；当代；研究

从 1978 年底开始，中国的历史发展进入改革开放的新阶段。伴随着社会的转型，经济的发展，生活水平的提高，中国人民的服饰发生了从观念到形式的巨大变化，中国当代服饰也逐渐成为服饰史研究的关注对象，并开始形成了中国当代服饰史研究的分支领域。本文就该领域的历史、现状和未来展开分析，进一步明晰中国当代服饰史研究的范式，以期推动中国当代服饰史研究的进一步深入和发展。

一、相关理念和范畴界定

中国服饰史研究作为专门史研究，自二十世纪七十年代以来已经逐渐形成一个特色化的学科领域和研究思维，作者曾就此专门撰文，在此不再赘述。[1]但是，中国当代服饰史研究又有其特殊性，为方便进一步讨论，就相关理念和范畴简述如下：

（一）历史和历史研究法

根据《辞海》释义，所谓"历史"是指自然界和人类社会的发展历程，亦指某种事物的发展历程。所谓"历史研究法"，指运用历史资料，按照历史发展的顺序对过去事件进行研究的一种纵向研究法，属比较研究法的一种。[2]

---

① 卞向阳，东华大学服装与艺术设计学院教授，博士生导师，研究方向：服装史论。

（二）历史学、考古学和博物馆学

服饰史研究经常会涉及历史学、考古学和博物馆学。所谓"历史学"，其属社会科学的一个部门，是研究和阐述人类社会发展的具体过程及其规律性的科学；"考古学"是指根据古代人类活动遗留下来的实物史料研究人类古代情况的一门学科；"博物馆学"是研究博物馆事业的科学理论和工作方法的科学。[3] 以上三门学科各有其理论和方法，也必然存在争议。就服饰史研究而言，可以不拘泥于相关学科的争议话题，而是采用"拿来主义"的态度，借鉴和采纳相关学科相对成熟的概念、原理、方法、成果，为己所用。

（三）中国当代服饰史的研究属性

服饰史研究是以服饰为核心的历史研究，中国当代服饰史研究也是如此。中国当代服饰史研究从某种意义上讲属于断代史的范畴，所以历史分期是研究的重要前提。由于服饰是一个国家、一个民族的政治、经济、文化等诸方面的综合体现，与社会发展密不可分，所以通常按照社会属性的变化或者自然时间段加以分期，采用历史学中常见的断代方法。在中国古代、近代服饰史研究中，断代十分明确，而 1949 年之后的服饰史断代则相对模糊，这是因为我们通常还有现代和当代之说。按照历史学常用的历史分期划分法则，即将社会性质的转化看作是时代发展变迁的分界点，结合服饰在内容和形式上的阶段性特点，本文将改革开放以来的时间段界定为当代，以 1978 年 12 月 18 日党的十一届三中全会的召开作为时间上的起始节点。

中国当代服饰史研究的学科定性，是以服饰和历史学科为核心，涉及多种相关学科的多学科多视角研究。它可以按照维度和视角的不同分为若干分支，比如"物质—文化维度""艺术—科学维度"等。

二、中国当代服饰史的研究成果回顾

中国当代服饰史的研究成果主要以著作、论文、展览展册、报告、视频等多种形式呈现。作者按照其与中国服饰史研究的关系，分为三个方面加以回顾。

（一）服饰史类著作中的某一章节

目前，已有部分中国服饰史著作，将中国当代服饰的演变作为其中的一部分。例如安毓英的《中国现代服装史》对辛亥革命以后至世纪之交时的服装变革史进行研究，书中第十一章主要围绕改革开放后中国服装对外开放和国际接轨、服装院校的建立以及建设服装理论队伍几方面展开论述。[3]袁仄、胡月的《百年衣裳：20世纪中国服装流变》（图1）主要展现二十世纪中国服饰变迁，也包括了1978年以后中国当代服饰的论述。[4]华梅的《中国服装史》（图2）是"十一五"国家级规划教材，在2010年的修订版中，虽侧重研究中国古代服饰风貌，但在第十、第十一章分别论述了二十世纪后半期的服装，包括军便服、时装、职业装等，以及21世纪初期的服装时尚演变进程。[5]

（二）针对中国当代服饰史的主题性成果

关于中国当代服饰史的主题性成果并非很多，视角也各不相同，主要有以下三种：

第一种是研究著作，例如明尼苏达大学吴绢绢的 *Chinese Fashion——From Mao to Now*（图3），综合杂志、报纸、学者著述等资料，结合典型案例，分析1978年以来的中国时尚觉醒。[6]

第二种从集体组织角度出发，如中国服装协会和中国服装设计师协会出版的相关论著，由于两个协会的使命不同、职责不同，故而其视野

图1　袁仄、胡月《百年衣裳：20世纪中国服装流变》（2010）

图2　华梅《中国服装史》（2010）

图3　吴绢绢 *Chinese Fashion——From Mao to Now*（2009）

也不尽相同。例如中国服装协会的《服装廿念》（图4），采用集成原始新闻报道的方式，汇集大量一手资料和详实数据，回顾了中国服装业及中国服装协会20年的发展史。[7]

第三种是作为亲历者进行相关记述，例如张晓黎的《见证中国服装30年》，作者将自己作为见证者，梳理了中国改革开放30年服装行业发展中具有代表性的历史事件、重大活动、人物来展现中国当代服饰的历史。[8]

图4　中国服装协会　　　　图5　卞向阳《中国近现代
　　　《服装廿念》（2011）　　　　海派服装史》（2014）

（三）针对某一地域、时段、品类、领域、事件的专题性成果

中国地大物博，幅员辽阔，不同地域会呈现出不同的风土人情和文化特色，最为直观的体现在人们的服饰穿戴上。在中国当代服饰史的视域下，有一批针对有特点的地域、时段以及服饰品类、产业领域、重大事件发展历程的专题研究成果。

在著作类中，笔者的《中国近现代海派服装史》（图5）采用通论的形式，主要讨论了自1840年至1999年的上海服饰历史，包括1979年以来的上海服装演进。[9]宋卫忠的《当代北京服装服饰史话》对十九世纪四十年代至1990年北京地区服装服饰流变进行了挖掘和分析，为了解1978年以后北京地区的服饰风貌提供了丰富的信息和参照。[10]

值得关注的是，关于中国当代服饰史的专题性研究，形成了一批研究生学位论文成果。早在二十世纪九十年代中期，东华大学研究团队就开始从事此方面的工作，本人指导的硕士研究生学位论文，曾经就上海二十世纪八十年代、二十世纪九十年代以及二十一世纪前10年的男装、女装流行展开分析。此外，还有针对特定主题的成果，如戚孟勇的《基于品牌演变的温州服装业发展历程研究（1979—2010）》[11]，也有学生做过关于 1995 年至 2003 年上海国际服装文化节的演变研究等。此外，北京服装学院以及其他院校也有类似成果，例如北京服装学院的硕士论文《中国服装三十年》[12] 和《改革开放初期我国男装发展探究（1978—1989）》[13]、四川师范大学的硕士学位论文《社会学视野下 20 世纪 70 年代以来中国服饰变迁解析》[14] 等。

曾经，服饰类杂志以及各种图像是服饰流行相对真实的反应。流行变化的特征也非常明显。但是进入二十一世纪后，随着媒体传播的多样性和泛化，很少有确证的资料来说明某一年的流行状况。而且，有人说现在是读图时代，的确，如今有很多有意义的图，但并不是所有的图都能够反映真实，反之还有可能引起误解。尤其在当今的"修图时代"，图片所反映的"真相"更应经过辨别，针对于此，笔者曾花三年的时间组织学生去上海几个有名的时尚商圈进行街拍，每月拍一次，每年做一个流行回顾报告，以期为时代保留一份街头时尚的真实历史见证。

近些年，一些博物馆也开始注意到当代服饰的时代价值和学术意义，例如中国丝绸博物馆曾做过很多有意义的工作：10 年来每年都会做以当代服饰为主题的年度"时尚回顾展"并出版展册，如 2018 年的"大国风尚：改革开放 40 年时尚回顾展"（图 6），2019 年的"初·新——2019年度时尚回顾展"等（图 7）。此外，在上海纺织服饰博物馆也曾举办过相关展览和研讨会，如在 2020 年的"海派时尚的历史与创新"系列活动中，将历史与当代对览，探寻海派文化在时尚中的传承轨迹，这些都为未来的当代中国服装史研究留下了更多好的素材（图 8）。

三、当代中国服饰史研究的角度、内容、方法、途径

关于当代服饰史研究的范式，中国服饰史研究的普遍方法均适用于此。[15] 在此，仅就其特殊性加以讨论。

（一）研究角度

正是因为服饰是当代中国社会变化的集中反应，所以中国当代服饰史有多个角度可以切入。总体而言，可以分为物质史和文化史两大类。

图 6　2018 年中国丝绸博物馆"大国风尚：改革开放 40 年时尚回顾展"　图 7　2019 年中国丝绸博物馆"初·新—2019 年度时尚回顾展"　图 8　2020 年上海纺织服饰博物馆"海派时尚的历史与创新"

需要注意的是，服饰史的研究和其他物质史、文化史的研究有所不同，其最大的特点是服装和穿着者本身密切相关，在研究过程中也很难将二者分割开来。同时，因为服饰和穿着者人衣合一的问题使得审美主体和审美客体一体化，故而在很多文献记载和采访之中，当创作者或者受访人在描述衣服时，因是自身亲身经历，通常会有个人情感的带入性表述，有时甚至会较为强烈。就像在研究民国服饰史时，很多人拿张爱玲的《更衣记》作为历史史料，但《更衣记》是否等于服饰史恐要另当别论。

另外，当代人们日常所穿服饰其实是工业化布局的产物，普通大众并未达到绝对的穿衣自由，大多数人只能在商家提供的有限选择里完成自己的装扮。这也提醒我们在对当代服饰史进行研究时，也需考虑到社会情境和产业发展背景。

（二）研究内容

从研究对象的范围看，当代中国服饰史主要围绕服饰与时间、地域以及服饰产业链各环节的关系来开展研究，可以说民众服饰和整个服装服饰行业所涉及的范围都可作为其研究内容。如果将服饰代入本人曾经提出的时尚菱形理论之中，把以服饰为核心的产品、消费者、行业、社会作为一个体系以及针对各个要素加以研究，范围更加广泛。

（三）研究方法

中国当代服饰史的研究方法主要会涉及以历史学、服装学为主的相关学科的理论和方法，从多角度进行论证。首先，是多重论证法，根据研究材料特质，应用恰当的研究方法，强调文献、实物、图像和田野调查的互证。另外，除定性研究外，引入定量方法，也就是所谓"文科理做"。在当代，十九世纪末萌芽的西方的计量史学逐渐成为历史学领域异军突起的学科和方法，西方学者将量化的方法应用在历史学的研究领域，促使历史研究走向精密化发展，这种方法同样适用于研究中国当代服饰的历史变化、发展及运用规律的分析之中。当然，这需要充分考虑到如何取样、附值以及选择合适的数学模型和数据库进行分析等问题。

（四）研究途径

在研究途径方面，总体而言可以按照进行研究的顺序加以勾画，在每个研究环节列出相应的研究内容和对应的研究方法，同时标出与其他环节的关系。

研究的第一步是对于素材的选取和梳理。可以说当下是研究中国当代服饰史的最好时机，因为很多人都亲身经历和体验过这段服饰历史，在收集整理相关材料时具有很大便利性；同时，相关的部门也留存了大量档案，加上丰富的数字资源，为研究这段历史提供了材料上的保证。当然有利就有弊，恰恰是因为亲身经历，每个人心中都有一个当代历史演变的图像，并为此深信不疑，但是它是否能够表现在某一区域、某一时段内客观普适的服饰历史规律尚有存疑。如果以严肃的史学成果标准去衡量当代服装史的研究，恐怕符合要求的学术成果不会很多，究其原因，在对历史研究来讲，需要有一个时间间隔，才能够比较客观公正的审视它，这与"审美距离论"异曲同工，至于距离的长短，关键在于研究者本人的学术功底和定力，并无定论。

在研究内容的递进方面，会涉及层次结构的构建问题，简言之就是将研究内容用一个有关联的逻辑方式表现出来，即所谓的内容构建，其虽未有固定的程式，但需要具有清晰的逻辑，然后根据研究目的和内容去有针对性的选择不同的研究方法。以笔者《中国近现代海派服装史》中第五章对于 1979 年至 1999 年上海服装历史的讨论为例（图 9）。此章共分六节，第一节是对上海作为时尚之都的复苏与振兴的讨论，主要为服饰演进建立社会情境；第二节是对着装理想形象和流行传播的分析，主要为展现时尚引领群体的人群画像及其变化，表现流行传播的群

503　第五章　1979年至1999年的上海服装

504　第一节　时尚之都的复苏与振兴

548　第二节　时尚化的着装理想形象和流行传播

560　第三节　趋向国际化的流行时尚

582　第四节　主要服装流行品类

621　第五节　服用材料、装扮和配饰

644　第六节　服装服饰业以及相关产业

图 9　《中国近现代海派服装史》第五章目录

体指向；第三节以前两节的讨论为基础，梳理归纳二十世纪七十年代末到八十年代和九十年代的流行风貌；第四节主要列举了当时上海服装的主要流行品类，其中结合了大量实物和案例的分析，也是对于第三节的丰富和支持；第五节主要总结了服用纺织品以及服饰品的基本特点，使得对于上海当代服饰流变的描述更加丰满；第六节对于上海服装业及相关产业的主要特征的分析，体现了对于上海服饰流行的产业支撑。[9] 第 503 ~ 672 页的内容形成从宏观到微观，从流行到日常，涉及社会、消费者、产品、产业和分配者五大因素的研究途径，以期递进有序、层次清晰。

四、中国当代服饰史研究的未来展望

从马克思主义的历史发展观角度来看中国当代服饰史研究，其有非常大的发展空间和良好的发展前景，但是也有以下四个问题值得特别关注：

（一）对历史、现实及未来关系的理解和重视

关于中国当代服饰史研究的未来展望，首先要清晰认识到历史与现实以及与未来的关系。研究历史的重要目的即是为去揭示历史发展规律。同理，研究当代服饰史也可用它来解释当下和预测未来。但是服饰演变未来趋势是否可被预测则另当别论，因为所谓时尚具有两个特点：一曰新颖，一曰奇特。而新颖奇特的东西之所以新颖奇特，一定是其变化出人意料且脱离传统演变轨迹，这种东西往往无可预测，如此便陷入了逻辑悖论之中，而这种不可测性的“意外”，不仅是历史变化的重要动因，也是服饰史研究的独到魅力。

（二）研究的纯粹性和多学科综合的合理性

现如今总是倡导多学科交叉的多角度研究，这也是中国当代服饰史研究的发展趋势。但无论如何"多"，当代服饰史研究的核心都是不变的，即是围绕着服饰的历史研究，将服装作为"物"的研究是根本，不能为了多而多，只有把握住了这点，不管研究的角度怎样多变、外延如何拓展，都能紧扣研究宗旨，使得研究具有控制性。目前辅助研究的工具手段越来越多，有些研究在工具体现上做得很好，但在价值体现上还有待完善。例如说现在都倡导数据化，建立数据库，但是当代服饰史研究的最终目的并不是为了说明数据，而是要用数据去说明历史发展的规律和研究对象的本质，要让数据活起来、用起来，发掘更大的价值空间，进而从工具理性上升到价值理性的层面。

（三）高新技术手段应用的必然性

随着目前学术研究的不断深入，相关的素材与数据积累越来越多，不可避免的会应用到当代科技带来的最新成果，比如说大数据时代，只要将服装市场的相关数据输入机器中进行关联分析，然后结合机器学习和人工智能，就能推测出未来什么品类的服饰最好卖，或者通过什么方法让大家都去穿，淘宝的推荐算法也是一样的道理。但是，人是感性的动物，服饰也因为艺术设计的加持而具有感性的成分，于是就会有在服饰装扮和消费的随性变化和刻意的理性背叛。所以说高新技术手段兼具有可测性和不可测性，这也是如今一个具有热度的话题，即该相信人类的思维自觉还是相信机器的问题，人的思维和机器的战争在将来将会变成越来越重要的问题，在服装行业和服装史研究中同样存在这样的问题。

（四）素材的有效性

科技是一把双刃剑，为世界带来了更多美丽和便捷，但也带走了部分真实和温度。现如今，由于修图技术的普及化和修图软件的易操作性，越来越多的图片经过处理产生真实性存疑的现象，容易造成历史错觉，需要格外警惕。这也不禁引人思考，在美颜和修图的时代，什么才是服饰装扮的真相？另外，在人衣合一的背景下，每个人既是审美主体也是审美客体，带有明显主观色彩的口述和经历是否能够代表历史，这也是在未来研究中，在素材的选取与甄别上需格外注意的问题，否则将来的历史就没有真相。

五、结语

中国当代服饰史以 1978 年底以来的中国服饰演变作为研究对象。回顾过去，中国当代服饰史的研究成果在著作、论文、展览展册和报告中均有体现，无论是通史类著作中的一部分，还是以中国当代服饰史为主题的研究成果，亦或是针对某一时段、地域、品类、领域、事件的专题性成果，都从各个角度、各个维度为中国当代服饰史的研究作出了不同程度的贡献。中国当代服饰史研究除可以引用具有普适性的中国服饰史研究思维外，也有自身的特点和需要注意之处，由此构成特色化的中国当代服饰史研究范式。展望未来，希望中国当代服饰史的研究能够进一步将历史与现实和未来相互关联；正确处理研究的纯粹性和多学科综合的合理性，从而兼顾研究的深度与广度；高度重视高新技术在研究中的应用以及可能存在的问题，确保研究素材的可靠性。让我们秉承激情、客观和理性的原则，将中国当代服饰史研究推向深入。

参考文献

［1］卞向阳. 中国服装史学的起源、现状和发展趋势［J］. 浙江工程学院学报，2001（4）：59-64.

［2］辞海编辑委员会. 辞海［M］. 上海：上海辞书出版社. 2010：1124-1125+147.

［3］安毓英，金庚荣. 中国现代服装史［M］. 北京：中国轻工业出版社，1999：86-98.

［4］袁仄，胡月. 百年衣裳：20世纪中国服装流变［M］. 北京：生活·读书·新知三联书店，2010：369-438.

［5］华梅. 中国服装史［M］. 北京：中国纺织出版社，2010：168-193.

［6］WU J J. Chinese Fashion—From Mao to Now［M］. New York：Bloomsbury Academic，2009.

［7］中国服装协会. 服装廿念［M］. 北京：中国纺织出版社，2011.

［8］张晓黎. 见证中国服装30年［M］. 成都：四川美术出版社，2008.

［9］卞向阳. 中国近现代海派服装史［M］. 上海：东华大学出版社，2014.

［10］宋卫忠. 当代北京服装服饰史话［M］. 北京：当代中国出版社，2008.

［11］戚孟勇. 基于品牌演变的温州服装业发展历程研究（1979—2010）［D］. 上海：东华大学，2011.

［12］颜春. 中国服装三十年［D］. 北京：北京服装学院，2008.

［13］张瑶瑶. 改革开发初期我国男装发展探究（1978—1989）［D］. 北京：北京服装学院，2018.

［14］宋海帆. 社会学视野下20世纪70年代以来中国服饰变迁解析［D］. 成都：四川师范大学，2015.

［15］卞向阳. 论中国服饰史的研究方法［J］. 中国纺织大学学报，2000（4）：22-25.

日本近现代服饰学术史撷英
——以五种日文著作为例

郑巨欣[①]

摘要： 服饰学术史之成立，前提是人类不可以没有服饰，而后是服饰研究本身，以及以著作为主要表现形式。日本与中国一衣带水，和服受汉服影响，但就近现代服饰学术史而言，日本却早于中国，至迟在十九世纪末已有《历世服饰考》可资佐证。服饰研究有多种方式，既有援据博综的文字述事，又有像《旧仪装饰十六图谱》这种通过结合空间将服饰古礼图谱化。服饰包含染织图案，却不能取代染织图案，后者在明治工业振兴中作用殊大，故而有了《染织图案变迁史》此类以研究染织产品出口销售规律的出版物。对于视西化为现代化的近代日本，在推动西服普及化的同时，也借助《西洋服饰史》普及西服。在二十世纪中后期，随着"古代服饰觉醒"而产生了通过考据文献来研究古典色彩复原的《平安朝之色：王朝盛饰》。

关键词： 日本；服饰；图案；史学史

日本和服是日本文化的瑰宝，尽管受到汉服影响，但目前普遍认为，现在的和服有很多样式，与汉服的关系已经不太大。和服是取代原来"着物""吴服"等日本服饰的统称，现在一般的和服是由小袖演变而来。每个时代的服饰都有变化，变化和追求新样，是服饰的重要特征。但服饰是服饰，不等于服饰学术史。诚如梁启超在《中国近三百年学术史》中所言：学术史要说明学术变迁之大势及其在文化上贡献的分量和价值，要注意到近代学术思潮是厌倦主观的冥想而倾向于客观的考察，凡要研究一个时代思想必须把前面时代略为认清才能知道来龙去脉[②]。梁氏所言颇为剀切，服饰学术史之立，必考其规律、创新的意义和价值并使之系统化。这又让人联想到 1899 年王国维《东洋史要》序言所引其日本

---

① 郑巨欣，中国美术学院教授，博士生导师，研究方向：设计艺术学、中国美术史。
② 梁启超：《中国近三百年学术史》，夏晓红、陆胤校，商务印书馆，2017，第 1—2 页。

业师藤田氏的观点："中国之所谓历史，殆无有系统者，不过集合社会中散见之事实，单可称史料而已，不可云历史。"[①]藤田氏的话，显然有些言过其实，但说中国服饰学术史的系统化研究起步较晚，亦非全然谬谈。中国的服饰研究以1981年香港商务印书馆出版沈丛文的《中国古代服饰研究》，1984年中国戏剧出版社出版周锡保的《中国古代服饰史》为代表，才算是正式开了个头。不过服饰研究起步的早晚，与服饰本身发展的历史，并无直接的对应关系。服饰学术史倾向于客观历史的考察，再通过服饰学术史著作这个媒介，或能在勾连起中日服饰史系统的同时，从世界服饰史的角度，呈现出近现代服饰学术史的文脉。

一、《历世服饰考》

历代服饰著作，就大类区分，有志与史之别。从文献角度看，志是记事的文章，史是做事过程的记录，前者注重现状，后者强调关系。不过，近现代意义上的学术史，可归于史学化的一种呈现方式，主要是西方科学主义的结果。日本以1868年明治政府的成立为转折点的西化，对服饰研究产生了深刻的影响。

在明治二十六年（1893）《历世服饰考》成书之前，日本的服饰纪事也类似于中国历朝的《舆服志》。《舆服志》由宫廷中掌管车舆冠服及各种仪仗的人负责编撰，其内容简单涉及服饰沿革，但主要内容是记述当朝服饰。《历世服饰考》不同于《舆服志》的意义在于它以服饰沿革为主，作出了系统的整理和全面的阐述。作者田中尚房，天保十年（1839）已亥十一年二十二日生于名古屋江户町宅邸，幼名哲作、哲郎。少时曾随同藩士植松某学习国学、医术，后任名古屋旧藩主德川侯侍医。元治元年（1864）著有《皇国病名集》二卷等。元治元年至明治二十四年（1891），从事国学教育、神社宫司工作。明治二十四年（1891）任北野神社宫司正七品。田中尚房擅长考证之学，《历世服饰考》是在其从事国学教育、神社宫司工作之余，孜孜以求完成的史学巨著。

《历世服饰考》原为抄本，全书八卷：卷一，服饰沿革；卷二上，冠之部，卷二下，帽之部、头巾；卷三，衣之部；卷四，衣之部；卷五，衣之部；卷六，袴之部；卷七，笏、扇、履之部；卷八，服色之部。纲

---

① 王国维：《东洋史要序》，《王国维全集》（第十四卷），浙江教育出版社，2009，第2页。

下条目详尽，内容上自朝廷礼制，下至民俗之好尚，凡冠帽衣服、扇笏踏履、服色之种类，制度渊源，沿革变迁，无不考以群籍，或间取古图、出土物件为证，援据博综，历历可辨，时势之变迁亦可概见。《历世服饰史》还首次对日本服饰史加以断代，分为五期：第一期，从太古到传说中的仲哀天皇（第十四代），为日本固有的服饰；第二期，从传说中的应神天皇（第十五代）到崇峻天皇（第三十二代）的323年间，日本服饰受到外来服饰的影响；第三期，从推古天皇（第三十三代）到堀河天皇（第七十三代）的515年间，崇尚隋唐服饰制度；第四期，从鸟羽天皇（第七十四代）到明治维新的750多年间，服饰沿续前代，并新增了宽大刚棱短外衣（以外形刚直，棱角分明造型为特征的服装）；第五期，明治维新以降，除继承祭服外，崇尚欧洲的服制（图1~图8）。

较之《历世服饰考》，中国服饰史著作中可资比较者有周锡保的《中国古代服饰史》。然而，从两著面貌之相近，服饰之相仿，必使人产生服饰之相关的联想。这是因为，古代日本服饰借鉴中国服饰，相似之处便主要在于服制和服装款式。中国之服先于日本，并对日本服饰产生了深刻的影响。但是，回到系统服饰之研究，日本的《历世服饰考》却又早于中国的《中国古代服饰史》。

据近藤芳介、富冈百錬撰《历世服饰考》二序，田中尚房早在十九世纪末起就已经开始搜寻古书、验证古图，常常穷尽日夜，且每遇某物细节难辨时还起笔模写，十数年如一日，其执守穷经，诚为后学之楷模。不料在完成初稿之时，他却因为劳累过度，卧病不起。弥留之际，田中尚房嘱咐儿子田中尚久，望其秉承遗志，誊写书稿三部分献宫内省、北野文库与传之子孙。田中尚久毕竟年少，故而校抄之事终由田中尚房生前挚友半井真澄、水茎盘樟协助完成，高山青嶂承担摹图。昭和三年（1928），《历世服饰考》付梓传世，其所据本，即为宫内省图书室庋藏1893年之校订本。而这里的解说所据本，是昭和二十七年（1952）日本吉川弘文馆再版昭和三年的故实丛书本。

二、《旧仪装饰十六图谱》

明治三十六年（1903）三月十五日至七月十二日，京都美术馆为配合大阪第五届日本国内劝业博览会，推出以"旧仪装饰十六式"作为主

图1 《历世服饰考》封面　　图2 《历世服饰考》扉页

图3 卷一服制沿革插图（1）①　　图4 卷一服制沿革插图（2）②　　图5 卷一服制沿革插图（3）③

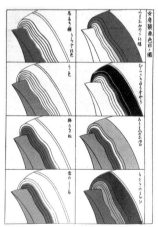

图6 卷一服制沿革插图（4）　　图7 卷一服制沿革插图（5）　　图8 卷四衣之部插图，已婚
妇女装束色彩搭配图

① 上野国佐位郡波志江村相山瓦偶人图。此图根据小杉榲邨氏《征古杂抄》缩小。长从上至裙约
一尺六七寸（约55.7厘米），长短不齐，肩幅八寸许（约26.7厘米）。
② 明治九年（1876）十二月二日武藏国埼玉郡上中条村字沼窪江森善兵卫私有地所掘出土偶土马
图。高凡二尺余（约66.7厘米）。
③ 大和国（日本）法隆寺藏百济阿佐太子笔，圣德太子像（《闲田次笔》载）。

题的学术展，同时刊印的有记录展览与内容解说的《旧仪装饰十六式图谱》。图谱有别于《历世服饰考》援据博综的述事方式，独特之处在于结合空间进行服饰古礼展示，使服饰历史更加形象地呈现出来。日本国内劝业博览会是根据明治政府既定的富国强兵、殖产兴业的维新方针，由 1873 年时任第一任内务省内务卿的大久保利通向太政大臣三条实美提交的，《关于殖产兴业的建议书》的具体举措之一，目的是查验人工之巧拙，由专家评说，使百工相见，互相奋勉，以开商贾交易之途[1]。国内劝业博览会中的前五届由政府主办，前三届在东京举办，第四届在京都举办，大阪国内劝业博览会是第五届，最后一届无论规模、影响和内容之丰富，都超过了往届。其中，利用古美术品举办的"旧仪装饰十六式"，更是史无前例的独特展示方式，也是博物馆学术研究与社会商业活动紧密结合的精彩实例。这种全新尝试在为与会的全世界观众提供实感体验机会。展览轰动日本朝野，助推了近代日本国民意识的形成与发展。

过往的旧仪陈设随展览会闭幕，而今留下的便只有《旧仪装饰十六式图谱》。图谱的表现形式是浮世绘，旧仪装饰十六式样为祭器饰、寝殿饰、元服饰（首服）、官服饰、歌会饰、雅乐器饰、蹴鞠饰、煎茶席饰、抹茶席饰、能乐器饰、闻香饰、飨应饰、婚礼饰、游戏具饰、武具饰、立花饰。每种式样皆附有式样沿革、空间构造、诸皇室物件等详细解说。整个项目负责人是熊谷直行，编纂责任者是霞会馆、公家和武家文化调查委员会。具体由猪熊浅磨撰写文字，古谷红麟绘制图画，木下犹之助雕刻版木，藤泽文次郎印刷装帧。《旧仪装饰十六式图谱》于明治三十六年九月十日印刷出版，同月十五日发行，发行单位是京都御苑内博览协会京都美术协会。初版时，图谱和解说书分为两册，平成六年（1994）霞会馆、公家和武家文化调查委员会复刻旧仪装饰十六式图谱，将两册合二为一。

相较于从面料、款式、结构、纹饰和技术等角度的服饰研究，《旧仪装饰十六式图谱》的研究特色在于将服饰置于空间环境中呈现。旧仪形态与文化空间相适应，通过切入结合空间的服饰古礼图谱化，不仅赋予了服饰研究以非文字形态的视觉意义，而且区别于一般意义上的展品图录。事实上，服饰的研究也不只是物质的和技术的，还涵括穿戴目的、

---

[1] ［日］滝川政次郎：《弘仁主税式注解》，《律令格式的研究》，角川书店，1931，第 332、1967 页。

功能等在仪式活动中的形象表达。所以，像《旧仪装饰十六式图谱》这样，围绕着旧仪装饰空间叙事、场景布置、氛围营造、物件组合等，将原本稍纵即逝的动态仪式传统固化下来传承至今，也不失为精彩的服饰史研究范例（图9~图15）。

三、《染织图案变迁史》

图9　《旧仪装饰十六式图谱》封面

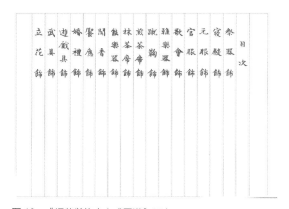

图10　《旧仪装饰十六式图谱》目次

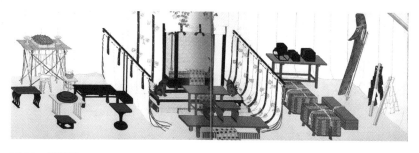

图11　祭器饰

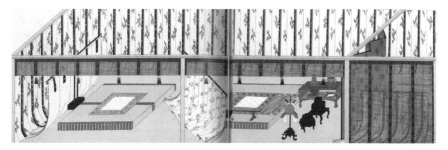

图 12　寝殿饰

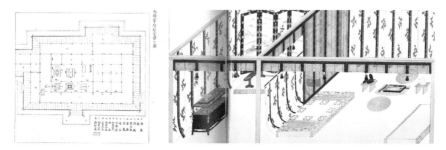

图 13　元服饰（1）

图 14　元服饰（2）

图 15　元服饰（3）

服饰学术史包含对染织图案的研究，却不能完全取代染织图案的专类研究。特别是明治以来染织图案在工业振兴中发挥着越来越重要的作用，日本毛斯纶纺织协会为此专门组织人员研究染织图案，探索和总结染织产品出口的销售规律，还为此在昭和四年（1929）内部发行了《染织图案变迁史》。不过，当时需要从品质到外观都顺应时代潮流的织染产品以及新图案，故而相关的染织图案设计师培养，也被视作紧迫的课题。也许正是出于这两个方面的考虑，《染织图案变迁史》实际由"染织图案变迁史"和"现代图案家略传"两个部分组成。

　　《织染图案变迁史》（图16）下设四个小部分，分别为"时论""总论""变迁史""染织工艺界的主要贡献者列传"。"时论"由四篇文章构成，分别是：图案家协会总干事泽田宗三的《产业艺术立国论》、图案家泷泽邦行的《服饰图案的两大要素"关于色和线"》、图案岩佐有彩的《图案家的社会状况回顾》、织田萌的《献给诸位图案家》。"总论"包含原始时代的服饰、日本染织史大纲、染织工艺和社会文化三块内容。"变迁史"由八位撰稿人分别介绍日本明治以后的织染工艺、织染图案业的兴衰等。在"染织工艺界的主要贡献者列传"中列举了"为染织意匠界做出贡献的三大实业家""为服饰意匠界做出贡献的人"等。

　　"现代图案家略传"部分，介绍全日本各地从事织染工艺图案者213人，分别附有肖像、居住地、出生地和出生年月日、学历和进修/研究经历、主要的作品和获奖经历、兴趣以及主张等信息。虽然书中对染织图案从业者身份的描述只用了"图案"和"图案家"，没有直接使用

图16　《染织图案变迁史》封面

"设计师"这样的称谓，但岩佐有彩的文章其实是转载自图案家协会的机关杂志《デザイナー》（*Designer*，设计师），在文章里就使用了"デザイナー"这个词。由此可见，当时人们不仅认同"图案家"等同于"デザイナー"，而且像岩佐有彩关于"关于色和线"的创作也同样适用于服饰设计，故而当时所谓的"图案"，即相当于现今的"设计"这个概念。此外，从"时论"部分的文章来看，岩佐有彩和织田萌都谈到当时面临劣质、廉价图案充斥行业的窘境，同时也表达了希望通过设计提高图案家素养和企业实力的理想。

书中附录有长达39页的"图案家与企业家名录"，涵括昭和初期日本图案界及相关从业者和协会。例如，京都图案会、京都图案家协会、关西和服衣料图案家联盟、京都毛斯纶图案家联盟、京都市会员以外的图案家、大阪图案家协会、桐生织物图案业行会、东京市图案家、上毛野国和下毛野国地方图案家等。根据图案家联盟会所在地，反映出图案制作、利用图案进行生产的状况，通过登记图案家履历，反映出日本染织业的实际情况，所以尽管调查完成这份名录付出了艰辛劳动，但对于后来的织染史与织染设计史研究来说是十分珍贵的史料，能够真实呈现各个产地的染织图案、图案家的基本信息。其中有些信息非常详尽，如写到西村总左卫门的染织图案，言其擅长用水墨画表现图案，图案由他本人或助手起稿。写到明治十年（1877）前后的纹样和图案界状况，会以竹内栖凤每天画相当于30文的图稿作为例子。写到绘画勃兴和图案式微时期，不会忽略友禅纹样的创新与友禅协会（原友禅图案协会）作出的贡献。关于关西图案会，会说明其原属京都图案会，后以如月会和无名会为基础独立组建等。

关于《织染图案变迁史》作者织田萌，目前仅知在《日本织物2600年史》（日本织物新闻社）下卷相关文献一览中有织田萌编纂的《富士绢工业发展史》（昭和织物新闻出版部）和《铭仙大观》（昭和织物新闻出版部），此外还有《毛斯纶大观》（昭和织物新闻社）、《大阪三越三十年史》等。另据大阪府立图书馆藏《行业功勋者百人集》（昭和织物新闻社）介绍，织田萌是研究关西地方产业史和企业史的首席专家，再结合织田萌遍访全日本图案家、出版著作又都与新闻社相关，因此估计织田萌不会是图案家，而更像是熟悉织染界的报纸记者或作家。诚如织田萌在《献给诸位图案家》一文中所自认为的，他是在为"神圣的图案王国"做业余工作的世俗之人。虽然说织田萌以卑微之心将图案家奉为圣人，但其"遍访全日本二百多名图案家"，全面掌握图案家和图案的情况，实际却达到了登临俯瞰的境界。

四、《西洋服装史》

对于视西化为现代化的近代日本，在生活中普及西服穿着的同时，也借《西洋服饰史》推进西服的流行。当然，1975 年日本衣生活研究会出版丹野郁、原田二郎合著的《西洋服装史》并非日本研究西洋服饰的开端。因为早在 1872 年日本政府就规定政府官员与邮差等公务员必须穿西服，当时流行的西式发型也是现代化的象征，尤其是 1883 年竣工的鹿鸣馆，因为经常举办有西方名流参加的舞会，所以非常有名[①]。但是，对于学习现代服装设计的学生来说，《西洋服装史》一定是本很不错的教材，所以日本出版此著不久，中国便将其介绍到了国内。

1993 年，山西人民出版社出版了《西方服装史》这一中译本，不过这个译本还比较粗糙，且不说将"西洋"译为"西方"不符原作者意图，单就封面作者将丹野郁、原田二郎的名字排名顺序颠倒，就足以说明欠为妥当。1995 年高等教育出版社出版李当岐编著的《西洋服装史》，书名采用与丹野郁、原田二郎著同名。结合李当岐本《西洋服装史》将丹野郁、原田二郎《西洋服装史》列为排序第一的参考书，可见其所受到的影响也是不言而喻的。

其实，1975 年日本衣生活研究会出版的《西洋服装史》只是一种普及本，在其前后有更加专门的研究积累（图 17）。例如，1958 年光生馆出版的《西洋服装发展史》（古代·中世编），1960 年出版的《西洋服装发展史》（近世编），1965 年出版的《西洋服装发展史》（现代编），1971 年丹野郁、原田二郎、池田孝江一起翻译并由岩崎美术出版社出版的《图说服饰百科事典》，以及 1973 年光生馆出版的《近代服装发展文化史》，都是《西洋服装史》的前期学术积累。1975 年出版《西洋服装史》后，丹野郁又于 1976 年在雄山阁出版了《南蛮服饰研究——西洋服装对日本服装的影响》，1980 年在雄山阁出版了《综合服饰史事典》，1985 年在白水社出版了《服饰の世界史》（上、下册）。

---

① [英]肯尼斯·韩歇尔:《日本小史》，李忠晋、马昕译，北京联合出版公司，2016，第 106 页。

图 17　《西洋服装史》封面（1975）　图 18　《西洋服装史》封面（1999）

　　目前所见《西洋服装史》的最新出版是 1999 年由东京堂出版的增订本（第 22 版），只是最新的这版《西洋服装史》考虑到需要充实二十一世纪的服装观念，所以特别增加了对二十世纪七十年代、八十年代、九十年代服装史进行分析回顾的内容（图 18）。值得注意的是，新增部分的内容并非全部由丹野郁独立完成，而是主要依靠武库川女子大学教授滨田雅子的协助完成的。不过，全书的结构和写作风格还是保持了原来的样子。

　　《西洋服装史》的内容共分五章：Ⅰ.古代——①衣服的发端·衣服的基本形态②埃及人的服饰③西亚地区的服饰④克里特人的服饰⑤希腊人的服饰⑥罗马人的服饰；Ⅱ.中世——①拜占廷帝国的历史背景及其服饰②中世纪欧洲的服饰③罗马式时代的束腰式衣服④哥特式时代的束腰式衣服⑤男子上衣下裤二分式衣服的形成⑥十五世纪的服饰；Ⅲ.近世——①十六世纪的服饰②十七世纪的服饰③十八世纪的服饰；Ⅳ.近代——①独裁政府时代的服饰②所谓的帝政样式（1799—1817）③王政复古情调的衣服和浪漫的衣服（1818—1830）④路易·菲利普时代的服饰（1830—1848）⑤鸟笼裙撑衣服和早期臀垫衣服⑥臀垫衣服和腰垫的消失；Ⅴ.现代——①早期现代衣服②第一次世界大战和现代女装的形成③现代服饰。全书附图 508 幅。

《西洋服装史》作者丹野郁，文学博士，1938年毕业于东京女子高等师范学校家政科，1951年至1954年分别在美国俄勒冈州立大学家政学系、索邦大学文学系研究西欧服饰史，1956年至1958年担任东京大学文学部美学美术史学科研究员，之后担任过日本埼玉大学名誉教授、国际服饰学会会长等职。研究西洋服装史是丹野郁的主要职业生涯，他为了收集服饰史相关的资料，曾在1960年至1970年，断断续续去往欧洲考察调研服装多次，且一去就是半年左右。1975年在《西洋服装史》付梓出版前，又在巴黎香奈儿店协助下，利用在京都的近代美术馆举办的"现代衣服的源流展"获得了较为丰富的现代服装一手资料。丹野郁强调研究服装史必须关注同一时代其他文物、雕塑、绘画遗存进行结合时代背景的全面、深入和实证的研究等，在其著作里也有充分体现。

五、《平安朝之色：王朝盛饰》

二十世纪中后期发生的"古代服饰觉醒"，对染色家松本宗久撰写《平安朝之色：王朝盛饰》或许产生过一些影响。不过，提到《平安朝之色：王朝盛饰》，自然也就会联系到当下即2020年浙江大学出版社出版的刘剑、王业宏撰写的《乾隆色谱：17—19世纪纺织品染料研究与颜色复原》。两著有明显的共同点，即都通过考据文献，复原古代色彩，完成从古典到创物的染色研究；所不同者在于《平安朝之色：王朝盛饰》复原的是"延喜式选三十六色"的染色系统，而《乾隆色谱：17—19世纪纺织品染料研究与颜色复原》依据的是乾隆至道光年间织染局档案资料，染出袍、褂、裙、带、匹料等的蓝、黄、绿、紫、红五个色系，计40个色名。

《延喜式》是一份法律实施细则，由日本平安时代中期醍醐天皇朝的藤原时平、藤原忠平主持编纂，完成于延长五年（927），在康保四年（967）开始实施。日本法律最初由神明裁判，到了飞鸟、奈良时代，继受唐代律、令，借鉴格、式两种法典形式。律为禁止法，令为命令法，格为临时法，式是施行细则①。《延喜式》即为施行细则，因而条文的内容也具体而微。例如，在延喜染鉴中的黄栌染法如下："此记灰三斛者，不应干栌苏芳之斤数，今染试者灰也，用足焉，斗斛之字，恐传写之谬欤，世黄栌染名者属黄非赤也，疑若以栌一种染，于是试除苏芳而染者如斯

---

① [日]滝川政次郎：《弘仁主税式注解》，《律令格式的研究》，角川书店，1967，第332页。

以照干前。"又"黄栌染考，本邦天子之服也，累世有用黄栌染袍而禁臣服矣，世称黄栌染者，其色属黄者也，又按式内黄栌绫之染草，有多用苏芳也，用苏芳则必当有赤色矣，于是用缝殿式黄栌绫之染草，染试一匹绫其色果赤黄色也，与世称者甚违焉，按本邦古代官服之制度概干唐制矣，唐车服志曰，初隋文帝听之服以赭黄文绫袍，至唐高祖以赭黄袍巾带常服，又天子袍衫稍用赤黄色遂禁臣民服，夫黄栌染袍者虽无所见干唐书，车服志云赭黄者则黄栌染者旧做唐赭袍者欤。"①

《平安朝之色：王朝盛饰》出版时间是昭和五十六年（1981），书籍装帧十分考究，不仅图文并茂，还附带染色的实物标本，但总印数只有 200 册（图 19）。书中内容分三个部分：

第一部分为王朝盛饰——平安朝之色。具体包括色彩美之曙光、雅之特征、"物哀"之美、心之交融、紫色、对美的追求、平安朝之色——延喜式选三十六色（图 20）、雅之结束等各个专题。总之，是关于平安朝色彩审美的历史的叙事与特征凝炼。松本宗久认为，平安朝的色彩具有优雅之美，而发现这种美需要去想象匠人的世界，但最吸引人的却是那个时代人的爱美之心，即对于美的向往与对美的冷静抑制，了解延喜式选三十六色的色相就是在揭示这种美的奥妙。

图 19　《王朝盛饰：
　　　　平安朝之色》封面

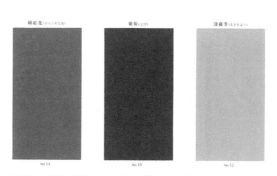

图 20　延喜式选三十六色之第 12、13、14 色

---

① [日]松本宗久：《平安朝之色：王朝盛饰》，学习研究社，1975，第 25 页。

第二部分是关于延喜式选三十六色的染色材料和染色方法。三十六色是黄栌、黄丹、深紫、浅紫、深灰紫、中灰紫、浅灰紫、深绯、浅绯、葡萄、深苏芳、中苏芳、浅苏芳、韩红花、中红花、退红、深栀子、黄栀子、浅栀子、橡、赤白橡、青白橡、深绿、中绿、浅绿、青绿、深缥、中缥、次缥、浅缥、深蓝、中蓝、浅蓝、白蓝、深黄、浅黄。染色材料均为植物染料，有苏芳、紫根、茜、红花、刈安、栀子、黄蘗、杨梅、丁香、橡树、芦、蓝。书中对几种染材的提取、染色、发色工艺等，都有具体而详细的技术解说。

第三部分是关于"平安朝之色"的染色法，首先是结合实验说明官服三十六色的材料配方、用量、温度和工艺流程、操作要求（图21）。例如，绫（斜纹绸）一匹，栌十四斤（1斤=600克左右），苏芳十一斤，醋二升，灰三斛，薪柴八担。其次是结合女性使用的浓淡色名目、交织色名目、搭配色名目的服饰配色。例如，浓淡色名目包括红香、萌木香、松袭等是为四季通用色，梅袭、雪之下、紫村浓、双色等是为从正月到三月常用的颜色（图22），踯躅、花橘、抚子花袭是为从四月到五月用的颜色，红红叶是十月到十二月常用的色彩。每一名目下，又细分出若干色，三种服饰配色，约计百余种色相，且都对应不同使用场合，有色彩配方、用量、温度和工艺流程、操作要求等方面的解说。

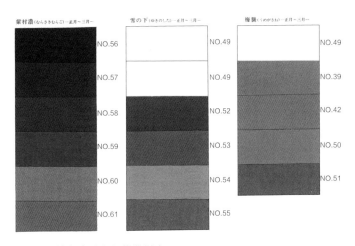

图21　染色实验之红花饼制法

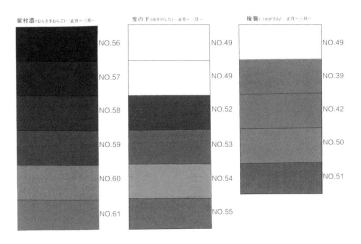

图 22　袭色

六、结语

以上五种日文著作，分别代表了服饰研究的不同学术视角：《历世服饰考》是日本近代史上第一部科学意义考据源流的服饰史，它绳先启后确立了日本服饰史援据博综的研究风范；《旧仪装饰十六式图谱》的旧仪装饰与空间形态图谱化，不仅记录了百年前发生的一次展览创举，在助推近代日本国民意识的形成与发展的同时，还赋予了服饰研究以非文字的视觉意义；《染织图案变迁史》是顺应时代产业发展要求，将学术研究植入田野调查和设计师访谈中，进而探索染织品出口销售规律的经典个案；《西洋服装史》深入浅出的介绍西洋服装并对其进行全面系统的研究，为普及日本的西方服饰历史知识作出了重要的贡献；《平安朝之色：王朝盛饰》利用复原实验的方法，将传统服饰的色彩研究，从古典文献上的研究拓展到了创物设计中。以上五种日文著作，虽说都是根据各自对象、目标所开展的，时异势殊的研究，但它们在整体上却仍归于传统服饰学术史研究的范畴。

服饰史在今天

服饰史研究的回顾与展望
NSM Costume Forum

新视域下文化阐释
——传统服饰文化传承脉络与理论构建

①
崔荣荣

摘要： 传统服饰历史悠久、博大精深，是中华优秀传统文化及民族艺术的重要组成部分，相关文化遗产更是不可再生的优秀文化资源，体现了中华民族独特的审美情趣和民族个性。1949年以来，学界有关传统服饰文化、知识谱系及文明遗产符号等研究成果大量产出。基于此，本研究拟从文化"体系与传承""阐释与视域""理论与再构"三个视角出发，首先从物质、社会、精神层面系统构建传统服饰文化构成与传承体系；其次从历史、艺术、社会、遗产等视角梳理相关研究成果，提出艺术考古与文化阐释的融合、民族民俗的新演绎以及新文科下艺术、设计与技艺的交叉；最后立足新时代背景，重点探讨今后传统服饰文化传承与创新中"中国风格""中国方案"和"中国价值"的构建，指出未来传统服饰文化阐释的新方向。

关键词： 传统服饰；文化阐释；传承创新；中国特色

中华传统服饰的传承创新是文化复兴的重要载体。古代人们留下的在各种场合中穿着的关于各个民族服饰、纹饰的种种珍贵文物，为我们展示了丰富多彩的衣装画卷。从首服、主服到足服，为我们展现了服饰保护身体的基本功能；从云肩到绣鞋，为我们展现出服饰美化身体的功能。不管是婚丧嫁娶用还是五榜登科用的各式礼服，都是表现社会风俗、民情和民艺的重要载体，其历史起源、创作过程、创作技巧及其艺术形式中充满了人类智慧的无形文化，有力证明了我国具有灿烂的服装发展历史，反映了中华民族的文明进程。因此，深入研究阐释中华服饰等优秀传统文化的基本构成、发展脉络及风格特征等是新时代人心所向、时代所需。[1]

---

① 崔荣荣，浙江理工大学服装学院教授，博士生导师，研究方向：服装设计理论与史论、服饰社会文化与创新。

一、传统服饰文化体系与承扬脉络

"体系"是"传承"之本，没有"体系"的"传承"是空想的"传承"，缺乏根基；"传承"是"体系"的动力，没有"传承"的"体系"则是虚无的"体系"，毫无意义。易言之，传统服饰的文化体系与发展传承是一对紧密联系、交互共生的理论概念。

（一）传统服饰的文化体系

服饰不仅具有美化人体的作用，也能彰显一个国家的文化自信和民族魅力，中华传统服饰文化符号体系中，既有代表造型与装饰艺术的物质载体，如冕服、十二章纹、凤冠霞帔、旗袍等能指符号；也有展现艺术精神、社会思想、民俗民族的内涵意义，如皇权、信仰、礼仪、道德、宗教等所指符号，表明着装者的价值观念、社会交往中的思想情感。可以说服饰是中华文明最富有创新精神和创造力的显性表达。根据费孝通先生的界定，文化可细分为三个层次的视读与诠释：服饰物质文化、服饰社会文化和服饰精神文化。

其一，服饰的物质文化。传统服饰物质文化的构建主要从"人""工""物"三个角度展开："人"是服饰的制作者、消费者、服用者以及它的欣赏者；"工"是服饰制作的工艺，包含相关的工具；"物"则指服饰的本体，分为"服""饰"两个维度下的各形制品类，诸如袄、褂、襦、半臂、褙子等上衣，马面裙、鱼鳞百褶裙、凤尾裙、筒裙、大裆裤、膝裤等下裳，以及上下连属的深衣、袍服等。数千年来，中华民族极具创作力地采用诸式工具工艺，设计出卓尔多姿的服饰物质文化。[2]

其二，服饰的社会文化。服饰作为社会文化的传承载体，集中体现在国家及族群文化中的"民族"、地方与世俗文化的"民间"以及生活与生产文化的"民俗"上。就"民族"而言，从春秋战国时期的"胡服骑射"到魏晋南北朝时期的"南北融合"，从唐朝的"多元包容"到明末清初的"满汉交融"，直至清末民国时期的"中西融合"[3]，中华传统服饰文化正是在民族文化交融下形成的一种动态的、发展的先进文化，其中折射出的"求变存图"心理，本质上是多元一体理论格局下的民族认同。

其三，服饰的精神文化。服饰的精神文化可以阐释为精神符号，可从"美""德""哲"三个角度来看。中华传统服饰文化知识与价值谱系的建立与完善，是传承和创新我国传统服饰文化经典的基础与保证。在科学严谨地对传统服饰实物形态、技艺及其蕴含的文化内涵和社会意义进行专门化解读之后，研究者需要重点从艺术审美与哲学思辨的角度深入阐释中华传统服饰的艺术属性与哲学思想，探索传统服饰设计的符号表征，总结其表现出的较为鲜明的"特定范式"，形成以"艺术与社会、艺术与审美"相融共生的鲜明特点，提升服装文化精神和艺术哲学理念。

举例来看，2015 年笔者主持获批国家社科基金艺术学重点项目"中国汉族纺织服饰文化遗产价值谱系及特色研究"，产出成果"汉族民间服饰谱系"丛书，于 2020 年由中国纺织出版社出版。丛书通过选取我国传统具有典型代表性的特色服饰——袍服、上衣下裳、足服、荷包及丝绸等，形成服饰文化的专门阐释。其中，《绣罗衣裳》①《臻美袍服》②围绕上衣下裳以及上下联属的服装形制进行研究，探索历代衣裳袍服的发展变化，着重考察近代以来的衣裳袍服造型及分类，及其背后的制作工艺、纹饰艺术、功能特征，进而考察传统衣裳袍服的造物思想以及社会意义；《生辉霞履》③围绕历代鞋履的造型演变展开，着重探索近代以来缠足鞋、放足鞋和天足鞋的造型、装饰、制作特征，进而讨论鞋履文化的地域特征及其与人和社会之间的关系；《五彩香荷》④概述历代荷包的发展与演变过程，以传世实物为参考，探讨传统荷包的造型、制作特征及每种荷包独特的使用功能，进而展开对荷包装饰艺术、实用价值及民俗情感的文化阐释；《旖旎锦绣》⑤围绕灵活多变的民间土织布工艺技巧、使用技艺的传承、织造工具的演变、织造纹样的民俗内涵等，探讨民间织造中精湛的手工织造、独特的工艺印染技术以及粗厚坚牢、经洗耐着等特性。五本专著分门别类地展现我国传统服饰的艺术魅力，探寻传统服饰艺术的发展脉络及规律。研究不仅涉及传统服饰的形制、色彩、材料、图案、工艺等方面，更注重中华历史文化的传承性、民间生活方

① 牛犁，崔荣荣：《绣罗衣裳》，中国纺织出版社，2020。
② 吴欣，赵波：《臻美袍服》，中国纺织出版社，2020。
③ 崔荣荣，王志成：《生辉霞履》，中国纺织出版社，2020。
④ 崔荣荣，卢杰，夏婷婷：《五彩香荷》，中国纺织出版社，2020。
⑤ 孙晔，胡霄睿：《旖旎锦绣》，中国纺织出版社，2020。

式和习俗习惯的原发性、民族艺术的纯真性以及地域文明的差异性等，系统构建了传统民间的汉族服饰文化体系。

（二）传统服饰文化的传承脉络

作为传统服饰文化体系的动力与价值，传承是一个不可忽视的议题。中华人民共和国成立以来，尤其是改革开放以后，各高校的服饰文化研究者、设计师、民间收藏家以及各地博物馆、民俗馆等机构，通过各自领域与专业的阐释与实践，形成了文化传承的两大脉络。

第一，本真传承与活态发扬之脉。对传统服饰物质本体的本质性保护是传承的关键。实践者先后走进田野，深入乡村进行调研，实地调研传统服饰及纺织品传世实物，记录田野考察中的所见所闻、所感所知和心路历程，感受生动的民俗风情和淳朴民艺带来的丰富多彩的民间文化画卷，反思直通远古而依然活着的文化根脉。基于此，北京服装学院民族服饰博物馆、江南大学民间服饰传习馆、东华大学纺织服饰博物馆、浙江理工大学丝绸博物馆等纺织服饰类博物馆先后创建，馆藏中华各民族、各地域服饰上万件，本着"保护为主、抢救第一，合理利用、传承发展"的宗旨，保住并建构中华传统服饰文脉的物质脉络。同时，立足博物馆及相关基地的教学、研培、科普等活动，也为传统服饰文化的传播与发扬作出重要贡献。这些古朴而精美的传世品，体现了中华服饰文化艺术的原生、原创的审美意蕴，是中华民族文化艺术宝藏的一个侧影。

第二，时尚设计与传承创新之脉。传统服饰文化的传承，要建立在以时尚创新为基石的当代生活方式实践上，使其积极参与到现代社会生产创造中来。只有在现实的生活实践中促进传统服饰文脉遗产的可持续发展，释读提炼中华优秀服饰文化基因，打造新时代中国服饰时尚文化，才是复兴优秀传统文化的有效路径。易言之，服饰时尚是文化的象征、是社会的缩影、是新时代人民对于美好生活向往的最为直接的体现，如何立足于新时代的时代要求、现代生活方式的社会要求、文化传播的国家需求，在现代、民俗与流行潮流中找到传统及民族服饰文化与现代服饰设计的契合点，打造属于中华民族独特的时尚风格，是传统服饰文化在当代传承发展的重要内容，也是未来传统服饰文化要在生活中继续承扬下去的灵魂。

二、传统服饰的文化阐释及其新视域

半个多世纪以来，相关学者以中华传统服饰为研究对象，以历史学作为研究基石，综合文献、实物、图像等多重研究材料与方法，构建多维立体研究架构，产出系列成果，为今后中华传统服饰的传承、传播和发展提供了扎实的基石。

（一）传统服饰文化的已有阐释

总的来看，前人研究主要分为中华传统服饰文化史论研究、民族学视角下中华服饰艺术体系及特色研究、民俗民间视角下的中华传统服饰研究、传统纺织服饰类非物质文化遗产研究、立足民族传统文化艺术的时尚创新研究五大方面[1]，并体现出以下四大特色：

第一，传统服饰物质文化史及丝绸特色研究。研究者在中华民族历史演进和变迁的整体脉络下，围绕先秦至民国时期各主要历史阶段中中华传统服饰的物质形态展开，探讨服饰形制、制作工艺、技艺工具等的生成、发展、积淀、变革等物质文化内容，在历史大背景下宏观阐述中华传统服饰的发展进程及沿袭规律。相关学者选取其中极具代表性和影响力的丝绸物质符号进行专门研究与系统文化解读。

第二，传统服饰造物艺术史及设计研究。研究者采用"'图、文、物'互证"研究方法，重视艺术与社会、历史、文化等外部环境的关联与互动，从服饰纹样表现、造型构造、装饰美化、技艺技巧、造物思想以及意匠经典等艺术设计层面，以期构建出中华传统服饰造物艺术体系，重点阐释并科学实证其中设计的具体表现。

第三，传统服饰社会思想史及哲学理念研究。研究者紧扣中华传统服饰文化的地方性、传统性与民俗性的符号特征，深刻阐释我国传统服饰变迁的文化本质问题，梳理与之相关的民族色彩、哲学思想、社会习俗、信仰习惯、精神价值、道德风尚及文化空间等社会思想要素，系统研究中华传统服饰历史文化中的符号所指，解读其中人、事顺乎自然规律，以及人与自然和谐共生等设计思想。

第四，中华传统纺织服饰类非物质文化遗产研究。研究者重点围绕中华民族视野下服饰的地域特色分类，抓住民族服饰文化遗产的原生性、活态性等文化特征，不脱离民族特殊的生活生产方式，深入阐释中华民族非物质文化遗产的民族个性特质、审美习惯等，并结合传世品实物抢救、地方文献整理、民俗民情资料收集、田野考察记录及口述传统等形式，深刻阐释中华传统纺织服饰类非物质文化遗产的知识谱系、价值特色与文化空间。

（二）传统服饰文化阐释的新视域

虽然前人研究成果丰硕，且渐成体系，但与历史悠久、地域广博的传统服饰文化形态相比仍显不足，特别是在当下立足设计学，综合艺术学、历史学、民族学、人类学、社会学等其他学科视域，交叉阐释中华服饰文化体系，以及对新时代中国时尚的研究等依然任重道远。笔者简单从以下三个方面展开：

第一，艺术考古与文化阐释融合，立足最新出土服饰实物的新材料积极开展艺术考古研究。改革开放以来，在全国各地墓葬出土中，先后有大量的纺织服饰及相关实物被整理挖掘，为传统服饰的历史梳理与文化阐释提供了新的材料。而艺术考古正是研究这些一手材料的绝佳视角。艺术考古的研究对象是由考古学所提供的（一般排除传世）、反映古代人类精神文化成就的艺术遗物、遗迹。研究方法不局限，依据研究对象的复杂性，多角度、多学科开展综合应用，一般有：考古地层学和类型学、文化人类学、图像学、文献学等。服饰艺术考古通过艺术学与考古学的交叉融合，能够科学实证并构建传统服饰造物设计艺术体系，深入阐释中华传统服饰文化的内涵、外延及发展动力。

第二，民族民俗新演绎。首先是民族学方法论的改良，研究者需要关注并实践由"民族服饰学"向"服饰民族学"的转变，关注服饰设计与服饰现象中的民族学问题；其次，在服饰民俗民艺研究中，研究者需要新建由"物"及"人"，再及"社会"的新研究思路，加强对服饰制作者、穿着者、观看者，甚至是收藏者等"人"的本体性关注，从而规避"重物轻人""重服饰现象，轻社会生活"等传统研究范式；最后，研究还需要艺术人类学的方法介入。易中天在提出自我意识与人的确证时指出："艺术是人通过艺术品实现人与人之间情感传递的过程，并通过情感传递，人们确认自己和其他人的共同感受"[4]。其中关于艺术与人的阐释值得参考与借鉴。

第三，新文科下艺术、设计与技艺交叉，促进其他学科涵养下服装设计理论的研究与更新。具体来看，可以通过梳理中西方的中国风格服饰设计文化表征和内含寓意，对当下国际中国风设计现象与构成要素等进行辨析与求证，释读当代中国风格服饰的设计形式与规律，以多学科综汇的平台实现中国风格服饰的创新设计理念与方法。并通过新技术手段、新设计应用方法、新设计理念，探究中国元素在现代服饰设计与推广中的"激活"与"再生"，使得艺术设计、智能设计、消费设计、符号设计的相融共生，构建能够展现新时代国家文化形象与契合人们生活品质的服饰风格。

三、传统服饰文化传承与创新的理论再构

新时代，国家之间文化的传播与交往更加频繁与迅速，也为通过树立良好文化形象而谋求国家利益提供了全方位的动力。为实现中华民族的伟大复兴，我们要重建历史悠久的文化中国的国际形象，既全面传承本民族优秀文化遗产，也要广采博纳世界各国优秀文化精髓，与时俱进，把一个真正的"文化中国"呈现给世界。通过探讨国家文化形象的内涵构成、分析新时代的内涵特征，掌握中国精神实质以及思想、价值观的需求，以传统服饰文化与现代设计语言为着眼点，确立传统服饰文化在新时代传承与创新的理论范式。

（一）传统服饰文化传承与创新中的"中国风格"构建

新时代，如何深入研究阐释传统服饰文化的传承与创新，增加中国时尚产业的国际话语权，是今后学界需要重点关注的议题。无疑，发掘和传承民族服饰以及蕴含的文化内涵是有效途径之一。深入挖掘民族传统文化的丰厚资源，使其作为代表中国文化形象的时尚符号走进大众视野，推出一批具有传世价值的"中国风格"成果，构建"文化经典 + 时尚设计 + 艺术生活 + 生态科技"交互并存的服饰文化新生态，是服饰文化研究者的重要任务。

研究者可以通过政策解读、社会调查等方式，从理论需求、流行体系、设计思想三个层面进行深入剖析，融合传统与现代思潮构建新时代中国时尚风格体系。首先，从国家战略需求出发以复兴中华民族传统文化、塑造与传播新时代国家形象为切入点，从国家层面、国际层面进行解读，

探讨构建新时代中国时尚风格的理论要求，解读相关政策，构建新时代中国时尚风格理论框架；其次，厘清中国时尚风格在新时代语境下的多元表现，对中国风格服饰的未来流行及审美趋向提供理论和实践参考，构建新时代中国特色时尚风格流行体系，把握传统与现代、东方与西方的二元关系；最后，立足中华传统设计思想，探讨其与时尚文化的共生关系，挖掘时尚对设计思想的展现形式。

（二）传统服饰文化传承与创新中的"中国方案"构建

实践是服饰设计的重要环节，如何在实践中用好传统服饰符号，树立新时代的服饰审美观、消费观，打造新时代我国的价值观与生活方式，需要在今后的研究中由政府和服装产业共同引导，通过对服饰设计价值理念的重塑，形成"遗产—人才—时尚"三者共生联动的传承创新体系，从而助推中国服装产业发展，支撑民族品牌的壮大，形成中国服饰设计立足世界舞台的重要保障。

研究者与设计师可在总结设计经验与方法的基础上，凝练代表性应用元素和文化符号，结合当下我国服装行业的发展、品牌消费与国际化道路，深入研究中国传统服饰设计艺术与新时代时尚文化之间继承与创新的共生紧密关系，详细阐释传统与现代、民族与时尚的滋养与启迪交互，形成系列化国际服饰"华服"或者"新中式"品牌。首先，从本土服饰品牌发展中的华服创新设计典型案例入手，挖掘华服创新设计与国家形象塑造、文化软实力建设之间的赋能、共生关系，进而进行中国时尚品牌方案的实践与拓展；其次，根据产业与品牌、环境与科技、市场与经济、人文与政策等方面的要求，形成艺术设计、智能设计、消费设计、符号设计的具体方案，并通过流行趋势发布展演等形式打造时尚之都、精尖企业，进而塑造时尚强国形象；最后，着眼未来，关注行业未来，助力服装设计专业的学生成长，为服装行业的发展提供人才支持和学术支持。

（三）传统服饰文化传承与创新中的"中国价值"构建

新时代服饰设计价值体系是当下民众"文化生活方式"和"国际话语权"的集合体，是构建服饰新思想和新观念内核的重要内容。传统服饰文化传承与创新的"中国价值"构建，需要立足新时代价值观，探寻传统服饰设计哲学与现代生活方式的契合角度，构建符合中国发展需求的"美用与器饰共生"的设计价值观与"天人合一与文质彬彬"的生态价值观体系；此外，还须考察国家文化形象与外交政策的互动与相关性，分析国家文化形象传播的路径，评估图像、文化产品和新媒体时代公共传播对于塑造良好国家形象的作用，研究服饰文化与设计中国家文化形象塑造要素，探讨其中国家文化形象的文化空间与认知空间塑造，最终建立新时代中国服饰价值观的理论体系，塑造新的文明时尚。

四、结语

传统服饰是中华优秀传统文化的重要视觉符号与文化遗产，不仅表现出款式、材料、色彩、纹样等设计语言的精美绝妙，而且折射出国家发展、民族交融、社会习俗、审美思想以及造物观念等文化内涵的要素。步入新时代，在民族文化复兴的背景下，针对传统服饰文化的研究与阐释，需要从传承与创新、理论与实践的双重角度开展。传统服饰的文化阐释，不能只看过去，更应立足当下，观照未来。易言之，中华民族伟大复兴对于传统服饰的要求不仅仅是"抢救"和"保护"传统服饰的物质形态，更重要的是"激活"和"再生"传统服饰的文化内核，以传统服饰文化的基因与精髓为基点构建新时代的国家文化形象与时尚设计范式，建立中华民族服饰的符号体系，为服饰设计提供理论支撑和素材依托，这也是今后服饰研究者及相关从业者的重要任务。

参考文献

[1]崔荣荣. 中华服饰文化研究述评及其新时代价值 [J]. 服装学报，2021，6（1）：53-59.

[2]崔荣荣，牛犁，王志成. 汉族传统服饰文脉承扬与传播 [J]. 服装设计师，2019（5）：112-117.

[3]崔荣荣，宋春会，牛犁. 传统汉族服饰的历史变革与文化阐释[J]. 服装学报，2017，2（6）：531-535.

[4]易中天，陈建娜，董炎，等. 人的确证——人类学艺术原理 [M]. 上海：上海文艺出版社，2001.

知行合一、学以致用
——中国服装史教学的知识体系和教材建设

贾玺增[①]

摘要： 中国服装史课程建立于历史学基础上，融合于服装学，主要兼跨历史学和服装学的特征。就世界范围而言，中国拥有最多开设服装设计专业的院校。在中国高等院校中开设服装与服饰设计专业的院校不下两百余所。几乎所有这些院校都开设了服装史课程。课程的教学内容主要是讲述古代中西方各个历史时期服装造型样式，主要涉及中西方传统服装的起源、形成、发展和演变等。

关键词： 服装史；教学；中西方

服装史课程，主要包含"中国服装史"和"西方服装史"，或者将二者合二为一的"中外服装史"。它们是服装与服饰设计专业不可缺少的专业必修理论课程。笔者在清华大学主讲的"中国服装史"是教育部首批认证的"国家级精品在线课程"，也是教育部首批认证的"国家级一流在线课程"，还被评为清华大学精品课程。本人将近些年服装史教学的一点经验体会进行总结和梳理，以求同行交流和专家指正。

一、《中国服装史》教材建设

自 1981 年沈从文先生的巨著《中国古代服饰研究》问世以来，关于中国服装史学的研究就此成型。许多学者先后对传统服饰文化进行了深入研究，如周锡保先生《中国古代服饰史》、黄能馥先生《中国服饰史》，以及周汛、高春明先生《中国历代服饰》等，相关研究论文更是不胜枚举，浩瀚的中国服饰文化在这些研究中不断总结、继承和弘扬。

沈从文先生撰写的《中国古代服饰研究》（图 1）是中国服装史学科的第一本重要著作。该著作于 1981 年 9 月香

[①] 贾玺增，清华大学美术学院副教授，硕士生导师，研究方向：服饰创新设计、国际流行趋势与符号系统。

港商务印书馆出版社出版，全书共 479 页，文字约 25 万字，约 700 幅图像。该书以出土及传世文物为依据，结合考古材料及大量文献记载，对历代服饰（包括丝织印染、金属工艺及少数民族服饰）进行研究。《中国古代服饰研究》成书于"文化大革命"前后，所以各代服饰按照先劳动人民服饰，后统治阶级和贵族服饰的顺序排列。此书不是服饰通史类的书，而是按照主题进行描述，并参考古代文献进行论证。

1959 年，沈从文先生在给其大哥沈云麓的信中提到，他希望"把服装史工作打个基础，好供全国使用"；1960 年，其与大哥通信时又说，"近日正在草拟个服装史的计划"；1963 年冬季，周恩来总理希望编一本历代服装图录，文化部副部长齐燕铭提及沈从文正在研究；1964 年初，这项工作全面展开，计划赶在当年 10 月前出版，以此向国庆献礼；1964 年 7 月，《中国古代服饰资料选辑》书稿完成，郭沫若作序，沈从文写了后记；1972 年 2 月，沈从文先生回京治病；1973 年 5 月 7 日，沈从文终于把修改稿交到历史博物馆中；1974 年 8 月下旬，历史博物馆将稿子退回；1976 年 1 月，在王㐨和王亚蓉的帮助下，图书新稿完成；1978 年 4 月，在胡乔木的安排下，沈从文从历史博物馆调到社科院历史研究所；1979 年 1 月 10 日，书稿终于完成，更名为《中国古代服饰研究》；1980 年 1 月 15 日，沈从文将书稿交给香港商务印书馆出版；1981 年 9 月，25 万文字、700 百幅图像的《中国古代服饰研究》精装本正式出版；1992 年，香港商务印书馆出版了初版本的增订本，由沈从文生前最得力的助手王㐨抱病完成。此时，沈从文离世已经四年。

上海戏剧学院教授周锡保先生著《中国古代服饰史》（图 2）1984 年于中国戏剧出版社出版，该书撰写以《舆服志》为主要参考，以时代脉络为序，上起商周，下迄民国，系统地阐述中国服饰的形成以及服饰特色、服饰制度和演变发展；黄能馥先生与其夫人陈娟娟女士著《中华历代服饰艺术》（图 3），1999 年于中国旅游出版社出版，作者根据考古学、文化人类学、服饰史学的研究成果和服装学的一般原理以及作者掌握的丰富的出土及传世的文物和图像资料，结合古代文献，按历史年代和服饰品类，对中国历代服饰的艺术发展，进行了整理和研究；华梅教授著《中国服装史》（图 4），1999 年于天津人民美术出版社出版，本书按时代顺序，系统介绍了中国自原始社会至现代的服饰艺术发展演变，包括服饰制度、服装形式、服装面料、服饰纹样、首饰配饰等。

图1　沈从文《中国古代服饰研究》

图2　周锡保《中国古代服饰史》

图3　黄能馥、陈娟娟《中华历代服饰艺术》

图4　华梅《中国服装史》

　　笔者撰写的"十三五"部委级规划教材《中外服装史》2016年于东华大学出版社出版，是一部从服装历史发展入手，以大量考古实物资料为基础，详细解读中外服装发展脉络的书籍。是一本对比展示服装款式、裁剪结构、工艺细节；海量举例名师大牌历史元素时装设计成功案例；分析历史素材时装转化的技巧与路径，将服装理论与时装设计有效结合的专业理论书籍。此外，本书将服装历史文物和当代时装设计结合起来的讲解展示，展现文物的时尚设计应用，旨在在中外服装史与时装设计之间搭建桥梁，对学习服装史、理解时尚流行，以及有效利用中外服装史元素，活学活用、学以致用地进行时装设计具有极大的参考意义和实用价值。

2018年《中外服装史》（第二版）于东华大学出版社出版。本次再版，笔者除了更定个别问题，补充了古埃及部分的内容，最重要的是在书尾增加了可以展开对览的中外服装史通览折页。可以使读者快速掌握全貌，然后再细致的具体阅读。该教材已被国内150余所院校作为服装史课程教材和研究生入学考试书目。荣获清华大学优秀教材和中国纺织服装教育学会颁发的省部级优秀教材。

在《中外服装史》之后，笔者又撰写了"十三五"部委级规划教材《中国服装史》，全书40余万字，3000多幅图片，图文并茂、清晰生动地呈现了我国从原始社会至今的历代服饰文化（图5）。书中以大量手绘图示从设计学角度解析传统服饰形制结构特点，并配以考古图片展示历史原貌，运用史学研究成果分析现当代中国元素的设计作品。该教材内容涉及服装结构、学术研究，同时亦吸纳了中国当代传统服装优秀复原工作室的作品。可以看到现在国内做这种传统服饰，或者说汉服复原的所呈现出来最高的这个状态是什么样子的。同时，还涉及了当代国际设计师和品牌应用中国元素的设计案例。在继承前人研究成果的基础上，充分考虑教材使用群体的学习特点，兼顾"学"和"用"两个方面：激发学习传统文化的兴趣和热情；启迪传承发扬传统文化的智慧和方法。

在此之后，笔者又撰写了这三本"简明版"系列丛书，包括《中国服装史（简明版）》《西方服装史（简明版）》《中外服装史（简明版）》，以此作为本套"十三五规划教材·服装史论书系"丛书的扩展和补充，使广大读者、高等院校服装类专业学生更便捷地学习服装史课程和知识（图6）。撰写的过程中，笔者遵循易读、易学、易掌握的原则，将服装史里面的知识点提炼出来，经过谨慎选择，以词条的形式撰写（尽可能减少古代文献），以便于读者阅读、掌握和记忆。本系列丛书还注重正文、图片和图注的紧密结合和编排，使读者能够在短时间内通览全书，快速建立服装史的基础知识和理论体系，减轻学习服装史的时间压力，为今后的深入学习打下基础、创造条件，并保持轻松的学习状态和良好的学习兴趣。这三本一套的服装史教材2021年于东华大学出版社出版。

图 5　贾玺增《中外服装史》《中国服装史》

图 6　《中外服装史（简明版）》《中国服装史（简明版）》《西方服装史（简明版）》

二、"中国服装史"课程建设

在服装史教学中，笔者在确立系统阐述中国传统服饰文化基础知识的前提下，关注传统，立足当下，树立服装史与这个时装设计相结合的教学特色，贯彻从历史、社会、人文和美学等多角度出发，揭示中国传统服饰的性质特征、艺术风貌和时代特色，使学生能够在了解传统服饰知识的基础上更深入地认识其历史发展过程，熟悉、积累和掌握丰富的传统服饰文化信息和设计素材，拓展学生对传统文化的思考深度和视野的广度和本土文化的意识的教学目标。

在实际教学过程中，因为服装设计专业学生的专业特点和学习兴趣，需要在服装史的教学内容中补充一些关于设计方面的内容，使服装史教学能够对当代服装与服饰的设计实践提供借鉴和帮助。这样学生在学的过程中才能够更加专注，将服装史知识与时装设计内容适当融合，更有利于服装史课程内容的消化和理解，最终目的是实现增强学生创新设计能力的目标。

在服装史教学的过程中会涉及历史发展、服装形态和款式结构方面的内容，还有文化意义、象征意义方面的教学，也有工艺和技术方面的内容。这几个板块是形成服装教学的框架。从考古实物、历史文献和应用案例，还有时装作品几个方面来展开教学，能够起到丰富设计语言，启发设计思路，最后有助于理解中国传统文化的作用。

服装史的教学，对于服装设计专业学生的知识体系的构建具有非常重要的意义。服装史的教学也会对中国制造向中国创造转变形成巨大的推动作用。在教学的过程中，如果将服装史与纹样史融合在一起，会起到非常好的效果。中国纹样史和流行时尚这两个板块的教学内容也会对中国服装史板块教学形成巨大的知识补充。如果流行时尚的内容缺失，我们在做创新设计，或者在做一些传统文化转换的过程中，可能会遇到一定的限制或者一定的局限。

三、《中国服装史》教学方法

就实际教学情况而言，由于服装史的内容过于繁杂，体系和内容总量较多，而教学大纲给予服装史的课时又相对较少（32课时或64课时），这就对教师教学和学生学习带来了一定难度。如何在短时间内能够集中精力将必要的、重要的知识点讲清楚，将服装体系的大框架建立起来，这是非常重要的。

从这个教学方法上来讲，笔者强调教学内容的即时性和实用性，及时加入新的学术研究成果、新的考古发掘内容。在笔者的服装史教学过程中，经常将服装史教学和博物馆考察或实地观摩结合起来。至少要有一次现场教学的机会。因为只看书本上的或者是PPT上面的内容是没有亲身的感受的，看照片或者书上的内容和实际亲自去看或者甚至有条件的话去触摸一下，那完全是不一样的感觉。笔者发现，在很多情况下，带学生去现场教学之后，很多学生都被现场的中国传统服饰所震惊，从而对服装史教学内容产生喜爱。

在教学过程中，笔者也会将一些传统文化传统服饰的那些元素内容和现代设计结合，然后进行一些总结，并在教学的过程中呈现。这对于服装设计的学生来讲效果还是不错的。学生可以看到这里面的内容是如何转化的，对于学生的学习产生启发性，同时对激发其在学习上的热情和触动具有积极的推动作用。

四、结语

中国传统服饰文化是中国各族人民在几千年长期的生产实践和社会活动中创造出来的宝贵财富。它既是华夏文明的重要组成部分，也是世界文化宝库中的璀璨明珠。在服装史的教学过程中，合理地构建课程知识结构，将服装史教学与设计实践有机结合，充分调动学生的积极性与学习热情。在中国高等院校服装设计专业的课程教学中，要充分发挥服装史的文化优势，不断推进教学内容的深化、拓宽研究和教学范围，并在教学方法上进一步丰富和完善。

真实与银幕

——近年服饰史研究、复原传播与影视呈现的互动

陈诗宇[①]

摘要： 历史真实与表演艺术之间的关系，一直是古装影视服化设计需要把握的关键点。近现代的古装影视服饰设计，长期延续了戏服设计的若干思路，重视觉装饰、角色识别，而忽视真实历史差异。随着现代银幕呈现形式手段的升级改变，以及观众水准与需求的提升，影视服饰是否具有"历史真实性"，能否反映历史原貌，成为重要的评判标准。在这个转变中，服饰史研究起到了关键作用。网络时代的观众反馈互动传播，以及相关爱好者的共同努力，也直接影响了近年影视服饰设计的呈现。本文以笔者近年参与的若干影视、节目为例，探讨这一转变的发生。

关键词： 服饰史研究；服饰复原；影视服饰

影视服饰属于表演性服饰的一类，与现实服饰密切相关，但又不完全等同，与戏曲服饰传统有很深关联。由于特殊的表演艺术需求以及客观条件限制，传统的戏曲舞台服饰并不太讲究服饰的历史"真实"，由现实服饰进行艺术夸张、程式化设计而成通用模式。近现代影视服饰设计中，很长一段时间依然延续了戏曲设计的若干思路，重视觉装饰、角色识别，而忽视历史差异。随着现代银幕表演呈现形式手段的升级改变，影视服饰是否具有"历史真实性"，能否很好地结合艺术表现，一定程度反映历史原貌，提供更强的再现沉浸感，近年成为越来越重要的评判标准。

在这个转变过程中，现代服饰史研究起到了关键作用，为影视创作提供参照，也是服饰史研究的现实意义之一。与此同时，观众认知的普遍提高，需求的提升，以及相关研究者、爱好者的共同努力，也推动了这一领域的变化。

笔者的工作背景比较多元，同时与工艺调研、复原研究以及影视创作相关。参加工作以来，一直在《汉声》从事传

---

① 陈诗宇，《汉声》杂志编辑，博士，研究方向：工艺美术调研、传统服饰研究与复原。

统工艺美术的调研、出版和展览工作，对包括印染织绣在内的各地传统工艺进行了 10 多年的田野调查采集；并长期关注中国传统服饰史研究，进入高校进修学习服饰史理论，承担了一些研究任务。基于对于古人形象的好奇，从 2006 年开始，持续进行了一些传统服饰形象复原的尝试。[1] 近五六年来，又陆续参与一些古装影视剧、文博类综艺节目的制作，承担了其中的历史服化道顾问、考证和设计工作。所以这次应赵丰馆长之邀，分享对于近年传统服饰研究复原、爱好者传播与荧幕服饰设计呈现之间新的互动关系的观察与实践。这个新的互动在 10 年之前不太明显，也是一个较新颖的现象。

一、服饰史研究与复原的现实意义

首先我们想讨论一个问题，古代服饰史的研究和复原，对"历史真实"的探索，是否有一些现实意义？对于包含我们在内的许多服饰文化爱好

图 1　中国国家博物馆古代服饰文化展

者来说，最初的目的很简单，就是从好奇心出发，对中华民族历史上的服饰文化、对祖先的原本形象感到好奇而进行探索，复原的目的也是为了验证探索的成果，以及希望能给喜爱传统服饰文化的朋友们一些更加直观的参照。

但是服饰史研究显然也有更多的现实意义。最直接的功能就是为当下的一些社会实际需求服务。比如为各类有人物形象的历史题材艺术创作提供一个参照依据，包括像绘本、漫画、动画创作（历史题材人物画创作）、立体的雕塑创作，甚至这几年还包括了游戏中的人物形象设计；可以为各种表演服饰提供参照，包括古装影视剧的服化设计，歌舞剧、文博类综艺节目的舞台表演呈现。更深远来说，也为我们今天新时代具有中国风格或者东方审美的服饰设计提供一个基础依据。这就是我们服装史研究的现实意义。也是践行习近平总书记关于"让文物活起来"的号召，是"让收藏在博物馆里的文物、陈列在广阔大地上的遗产、书写在古籍里的文字都活起来"的手段之一。

这些目的和实际意义，在二十世纪五十年代开始编写《中国古代服饰史》时便已明确，其重要任务，就是希望舞台美术专业人员可以得以具备历史服饰专业知识①，并且能设计出富有时代精神和民族特色的服饰②。[2] 为了学科建设和设计实际需求，1956 年，由上海戏剧学院周锡保先生开始承担了相关的编写教学任务。

基础的服饰史理论研究必不可少。但在实际实践中，对于一般从业者和大众来讲，成果的传播效果又存在一定的局限性和门槛，此时就需要由科学、可靠的"复原呈现"来提供一个直观的参照。从 2019 年至 2021 年，在北京服装学院的带领下，我有幸跟随孙机先生配合中国国家博物馆完成了"中国古代服饰文化展"里的历代人物形象复原工作（图 1）。

---

① 上海戏剧学院原院长苏堃先生在为周锡保《中国古代服饰史》所撰代序中说："在话剧舞台或电影银幕上，在表演历史题材的作品时，就不能不研究和再现它的历史的真实性和历史的具体性了。……基于这种认识，就要求舞台美术专业人员必须具有这方面的历史知识和专业技能。因此，高等戏剧院校舞台美术专业，研究和开设服装史这门课程，乃是它的重要任务之一了。"

② 周锡保《中国古代服饰史》在跋中提及："更重要的是为了丰富今天广大人民的生活，设计出富有时代精神和民族特色的服饰，需要以民族传统为基础，符合社会主义精神文明的要求进行创新。"

在这项工作展开时，孙机先生也多次提到在此次展览中策划这一系列复原展品的动机，便是为了给影视剧的服化道设计和艺术家提供便利直观的参考，并反复强调其必要性——虽然博物馆陆续有服饰类文物的展出，专家学者也持续进行了详实的研究，但长期以来，影视剧以及美术创作中的古代人物形象，细节、时代和身份依然漏洞百出，"甚至距离今天不过百余年的清末形象也有大量讹误"。当然，造成这个现象的原因不只在创作者层面，一定程度上也有作为相关行业的研究者、科普人员或者传播者，没有把一个更简明、直观的形象传递给大家的责任。

孙机先生希望博物馆展陈服饰文化时不应局限于文物单品的展示，而更希望能做一个整体的呈现。可以让观众更加了解古人是怎样去使用这些服装，以及如何与发型、妆容、饰品、鞋履搭配在一起。所以在展览中设计了从汉至明清的十五套代表性人物形象，不一定是最华丽耀眼的打扮，但大多是具有历史节点和代表性意义的服饰，搭配写实的人物形象进行一个立体还原，便于直观参照。

在复原古代服饰造型时，我们最初也沿用了服饰史研究的一些基本方法。比如研究中最常用的二重证据法，或者后来所说的多重证据法。通过传世、出土的服饰实物，结合文献、图像等多重资料，比如各种典籍、文学、笔记，墓葬壁画、肖像画、行乐图、人物画，石像、石刻、陶俑等，对相应的服饰进行综合考证、分析。同时还要考虑到工艺、技术层面的复原，对面料工艺尽可能进行还原探索。[3] 比如我们在 2007 年尝试复原的晚明道袍形象（图 2），便是通过定陵等墓葬出土实物，结合出土文献、明人笔记小说记载，以及明代肖像等材料进行的综合还原。这个基本的复原思路也一直沿用至今。

二、影视服饰长期以来"历史真实性"不强的原因

尽管自二十世纪五十年代以来，学界便已提出影视舞台服饰设计需要考虑再现历史真实，但为何大半个世纪以来，荧幕上的服饰依然与历史真实有一定距离？除了学术成果科普转化的滞后性外，我们还需要思考另一个问题，即影视服饰是否能够和需要反映历史真实？以及长期形成真实性不强的根源。

对于第一个问题，今天我们已经基本取得共识，即影视服饰一定程

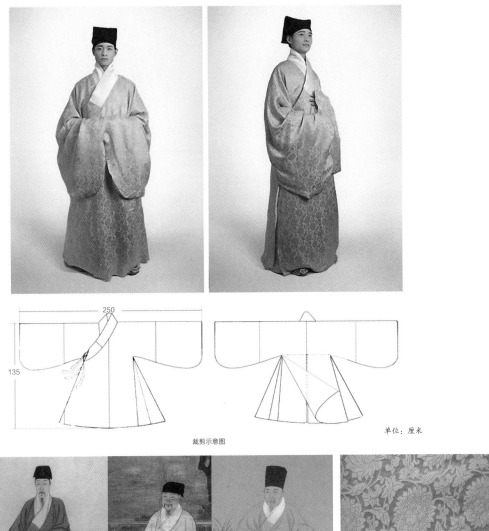

裁剪示意图

单位：厘米

明末容像中的道袍

缠枝莲纹样

图2 明代道袍复原

度上需要还原再现故事环境，需要相对真实地反应时代背景，同时也需要符
合观众的审美需求，"可以说是舞台服装和生活服装的结合，也是历史与时
尚的融合"。[4]但随着时代及各种情况的变化，造成"不真实"的设计确实

也有许多实际的渊源，真实的复原呈现有时和表演服饰需求有矛盾。

银幕上的电影、电视剧或影视节目，归根结底还是表演艺术，其服装设计早期更多也受到戏曲舞台表演服饰的影响。由于演出需求以及各种客观条件限制，戏曲服饰虽然源于生活，但也难以和真实服饰划等号，主要以明制为基础进行艺术夸张、程式化设计成一套通用模式，有着不少独特的艺术表现特征，对历史真实并没有很高的实际需求。

龚和德先生曾归纳了戏曲服装设计的三个美学特征，"装饰性""程式性"和"可舞性"[5]，服装强调纹样装饰，色彩艳丽，对比强烈；不强调时代背景，但对款式身份属性有很强的程式化归纳，"款式程式并举"，形成了穿戴规制衣箱制，便于演出和识别；服装经过一些艺术加工后，可以舞动，有助于形成优美或夸张的表演动作。

相比于历史真实服饰，表演性服饰会突出强化几个层面，同时又忽视弱化几个层面。我们总结了包括"强调视觉华丽醒目""强化角色识别度""强化动作需求"，同时"弱化时代差异""弱化场合区分""弱化实际层次"等方面。形成这些特点均有其实际原因。由于共通的表现需求，这些特征大多都被后来的影视服饰所继承下来。有意思的是，这些特征往往也成为近年观众所诟病的地方。

（一）表演服饰强调视觉华丽醒目，注重装饰性

以戏衣为代表的表演性服饰，十分注重加强装饰效果。表演是为了满足观众的欣赏需求，希望能看到精美的舞美服饰，需要有比现实生活服饰更加璀璨夺目的视觉感受。另外舞台表演也有一定的观影距离，需要进行较大的装饰化和夸张处理才能保证较好的观赏体验。

比如戏曲舞台上小生的"褶子"，便源自于晚明常用便装"道袍"。现实生活中的日常便装一般不会有过于强烈的装饰，通常使用比较淡雅、简洁的浅色暗纹面料制作（图3）。但在戏曲中，道袍就增加了大量的装饰，采用刺绣、织金等手法，演变成为"花褶子"（图4）。

图3　清代徐璋《董傅策像》

这个特点在各国传统戏剧及舞台剧服饰中都体现得非常明显，比如日本能剧所用的"能装束"（图5），便大量使用"唐织""厚板""摺箔""缝箔"等装饰工艺，即织锦缎、印金、刺绣类，以至于直接用来指代能装束，呈现出非常璀璨夺目的舞台效果。歌舞剧的服装设计中也会把各种原素放大，使观众在很远的观影距离也能看到比较鲜明的视觉形象。

在后来的影视剧及电视晚会节目服化道、舞美设计中，这个思路被非常明显地继承了下来。典型的代表作比如 2006 年《夜宴》《满城尽带黄金甲》（图6），2015 年《王朝的女人·杨贵妃》等影视剧，大量极尽奢华的服饰设计，虽然说与历史真实关系不大，但也体现了当时影视剧制作的华丽传统和水准巅峰，具有很强的视觉冲击力，是推动剧情、塑造人物形象的重要手段。我们在提供顾问指导的实践过程中，也经常碰到设计师觉得历史原型太朴素，需要增加装饰、突出视觉的想法，比

图4　清佚名《升平署脸谱·万君照》

图5　日本能装束厚板

图6　《夜宴》《满城尽带黄金甲》剧照

如给明代乌纱帽增加"帽正"、装饰边，给圆领袍增加宽花边等，均是希望突出视觉的习惯思路。

（二）戏服重视程式化模式，而忽视时代差异

因戏曲舞台表演有一定的观影距离，又缺乏铺垫展开介绍角色的手段，为了让观众在短时间内能识别角色，需要强化角色特征，形成高度"程式化"的设计，使得角色一出场，观众就能马上认出帝王将相不同身份。

在这套"程式化"设计之下，传统戏曲服饰一般没有朝代之分，这是基于戏班演员的实际表演条件和观众需要共同形成的。如苏堡先生所言，"戏曲的衣冠服饰是不大遵守历代服制的规范……观众也从来不追究它的历史真实性"。历朝历代的服饰虽不断地在演变，但在过去并没有今天这样充分的考古发现，难以了解历代服装形制的细节，普通的百姓就更不了解了。加上戏曲表演的实际经济条件限制，也无法做到齐备历代各种服饰随时进行表演，只能有限地满足角色的程式化、现象化、规则化的区分需求。

传统戏曲主要定型于清代后期，所以大多角色一般以清以前的明代服饰为基础。比如东汉末年的曹操可以身着类似明代样式的圆领红蟒、相纱。而汉族以外的番邦妇女，则不论朝代均着清代旗装[①]。如大家熟知的京剧《四郎探母》中的扮相，铁镜公主虽是辽国角色，却使用了八九百年之后的旗装，梳旗头，戴正花，穿氅衣式旗装，穿花盆底旗鞋，俨然清末旗人女性妆扮（图7）。甚至从清后期不同时期的戏画、剧照中我们还能看出，各时期铁镜公主扮相，也一直紧跟流行的旗装样式变化。

图7　京剧《四郎探母》铁镜公主扮相

① 清代后期的做法是均着旗装。但早在明代"脉抄本穿关"中，我们还可以看到当时戏台做法则是将历史上的番邦女性做蒙古打扮，也是同样的思路，以当时人熟悉的异族服饰来区分，而不考虑朝代。

对于当时的观众来说，看到熟悉的旗装便知是番邦人物，也就达到了角色识别目的。

这种时代模糊的程式化，不仅体现在明代以前朝代人物均着明装，甚至还会出现极端的清代人物也着明装的例子。比如豫剧传统剧目《铡西宫》，剧中的清代官员刘墉却穿着由明式服装演变而来的绿蟒，也体现了在戏曲中为了角色识别而忽略时代特征的特点。

不注重时代差异的习惯，也一直被影视服装设计所继承。虽然相比于戏曲，影视服饰已经开始重视朝代服饰的不同，但实际操作中，往往也常有套用几个模式进行设计的习惯。比如早期所谓影视服饰只有"清代"和"清以前"两个时代的说法。清代影视以清末服饰为基础，清以前历代服饰则杂糅宋明各时期，采用通用样式，这种现象尤以港台地区为甚。

近年影视剧虽基本注重大时代服饰差异，能区分朝代风格，但对于同一朝代不同时期样式变化依然不太重视，比如初唐背景使用晚唐款式的情况也非常普遍。

（三）突出角色的个性化特征，弱化场合服饰属性

戏曲表演中，不同角色会有相对固定的装扮搭配，比如帝王穿黄帔、龙袍，小生穿褶子。但历史真实中，帝王根据不同场合会有更加丰富复杂的着装，从冕服、通天冠服、常服，到各种日常便装，平常着装甚至与普通人没有太大差异，帝王也能穿褶子道袍。如果舞台上帝王也如实际便装穿着，则会导致角色难以区分，所以不同角色一般会有固定的个性化打扮，忽视真实的场合共性，同样也是为了突出和塑造角色形象。

另外从客观条件来说，同一时代的服装款式千变万化，不同场合身份下会有不计其数的各种服饰，戏班的衣箱系统也无法满足如此巨大的换装量，只能提炼出最主要的特征性服饰加以呈现。

比如京剧《四郎探母》中的萧太后（图8），搭配了挑杆钿子、八团龙褂、龙袍、朝珠套装，属于清后期的旗人吉服打扮，通过这样一套相对隆重的服饰，突出番邦太后的尊贵身份，同场的铁镜公主则头戴旗头加以区分。但现实生活中，不论太后、皇后、公主在不同场合下均可戴钿子和旗头，若二人同场头饰属性相同，就容易造成角色混淆。所以需要通过不同的个性设计搭配避免这个情况。

图 8　承天皇太后萧绰

这种搭配思路在影视剧设计中也很常见。比如在《还珠格格》中，太后、皇后出场时，不论什么场合时常外披朝褂，通过隆重的服装来突出身份的威严。同一场景下的格格们可能穿着的只是日常便装（图 9）。这种情况虽不符合历史，但却也符合当时观众的角色认知。又如近年《甄嬛传》《延禧攻略》等剧中，皇帝、皇后在出场选秀女时，却穿了最隆重登基祭祀时才能穿着的朝袍，既是设计师的惯性思路，也是希望便于观众识别的做法①。

另外，长期以来的影视服饰设计，也认为不同角色应该有自己的专属服饰，并且比戏曲舞台呈现需要更放大角色差异化设计，在戏曲角色"程式化"区分的基础上，还要做到"作品区分"。同样一个角色，在不同影视作品里也往往要进行大量的改造设计，不希望出现类似着装的情况。比如从二十世纪五十年代至今至少十几版的"杨贵妃"形象，之间的差异可以说是天差地别，基本都与"历史真实"无甚关联，也都有各自完全不同的独特设计，已经走向个性化设计的另一个极端。

图 9　《还珠格格》剧照

---

① 在近年的实际创作中，我们也常碰到设计师相关的疑惑，就是按照真实创作会不会弱化角色识别。后来我们就这个问题做了实验，第一季《国家宝藏》时，为黎明扮演的乾隆在夜读时搭配了一套青色的常服袍，得到了观众并没有混淆感的反馈。可见对于今天的观众来说，场合真实感开始显得更为重要。

（四）注重表演动作需求，忽视服装实际层次

戏曲一定程度上是歌舞化的演出，会有大量的表演性身段动作，需要考虑到服装的"可舞性"。比如加长水袖、高开衩的设计，满足舞台动作的需求。又如可以舞动的靠、靠旗、翎子、帽翅，也都是为了增加舞动性的改动设计。

实际生活中的真实服饰，有一些另外的层次讲究。比如明代圆领之内会搭配搭护、贴里（图10），朝服内搭配中单，氅衣内搭配衬衣等。由于这类内层服饰在舞台表演中一般不会露出，若完整配套穿着甚至会干扰表演，所以戏服配套中往往对内层服饰进行了简省处理（图11），但会基于各种需要增加一些其他内装，和真实层次大多不同。

例如清代完整的一套服装一般包括褂、袍、衬袍等层次，女装氅衣内也均会有衬衣。而在影视着装中，往往单穿袍，或者单穿氅衣，衣内直接露出裤子。这种情况在当时是不可能出现的，但在影视剧中是极为常见的做法（图12）。

图10　明代圆领内衬搭护、贴里

图11　戏曲圆领高开衩、内露水裤

图12　清代影视剧氅衣内直接着裤

三、新时期服饰史研究、复原与影视舞台呈现的结合

随着现代银幕表演呈现形式手段的升级改变，以往戏曲舞台演出的许多局限不复存在，可以做到更加还原历史真实。而观众与爱好者的水平与需求的提升，也促进了影视设计自我要求的提升。同时服装史研究和复原研究逐步深化，也为影视服饰提高还原度提供了客观条件。

另外随着时代的改变，我们也逐渐认识到，影视服饰不应只局限于满足表演和观赏需求，还有文化传播的功能。进入二十一世纪以来，日本、韩国、欧美国家优秀的影视剧的引进，也将各国的服饰文化进行了推广传播。有些国内观众甚至通过影视剧，因先对韩国、日本古代服饰有了直观认识，再加上对中国真正的历史服饰了解不足，而出现了将中国历史服饰误识为和服、韩服的情况。这提醒了影视相关从业者，需要正视影视作品中对于真实历史的呈现。

（一）影视呈现手段、条件的升级摆脱了戏曲舞台的局限

与戏曲舞台的现场远距离观看不同，今天的影视镜头可以有充分高清晰度的细腻拍摄视角和呈现，此时极其强烈的"夸张化""装饰化"设计的绝对必要性则被减弱。设计中也不一定需要大量眼花缭乱的视觉冲击，有足够的角度、空间展示细腻的真实效果。而影视剧也能有足够长的时长展开剧情，渲染角色的性格形象，而不一定需要一套非常鲜明单一的服装来提高角色识别度。

其次，现代影视剧的筹备周期与经费，与戏曲表演相比也能有较大的提升。创作团队可以为一部作品进行充分的考证、设计与制作，摆脱了戏曲用一套程式化衣箱满足一切需求的局限。此时的"是否具有历史真实性"，就从原来的末位需求，提升成为相对重要的一个需求，"在话剧舞台或电影银幕上，在表演历史题材的作品时，就不能不研究和再现它的历史的真实性和历史的具体性了"。[4]

在2020年上映的宋代题材古装剧《清平乐》中，我们对剧中主要角色的正式服装，进行了完整的考证与设计，也体现了新时代下制作条件与制作理念的转变。北宋时期对礼仪服饰制度的设计与实施尤为重视，刘娥作为登上政治舞台之巅的宋代首位垂帘摄政太后，也在礼服上进行了大量动作。如在《清平乐》里，我们便为刘娥设定了四款正式服装（图13），

分别是太后常规的常服"霞帔大袖"，作为垂帘摄政太后身份新的公服"朱衣"，太后正式的礼装"龙凤花钗冠袆衣"，以及希望体现自身政治地位的"仪天冠服"。[5]四套服饰均来自于当时的文献记载和文物图像，也反应北宋在礼服上的一些理念，以及刘娥自己的一些政治意图。虽然相关剧情展开时间不长，但剧组依然为此专门仔细定制了相关的服饰需求，我们在进行设计制作时，也对每一套服装的每一层、每个构件细节进行了考证推拟和方案设计。这在传统舞台需求和条件下也是难以实现的。

图 13 《清平乐》刘娥服饰

（二）观众、爱好者水准的提升对历史真实需求的推动

观众的认知水平和需求正在逐步提高。网络时代服装史基础知识科普的传播推动，获取资料的渠道越来越多，专业文博展览的增加，民间爱好者水平的提升，这些方面对于历史真实服饰的需求和接受度正大大提高，也反过来促进了影视剧呈现水平的提升。

在十多年前已有影视剧创作找我们咨询或者搜集资料，但服装设计或者妆造部门大多觉得历史真实并不是非常重要的关注点，原因之一便是认为大多观众并不在意服饰是否还原。但近四五年来，越来越多的影视节目开始注重历史真实，很大的原因同样也是受到观众反馈的推动。自2003年开始形成的"汉服"文化和传统服饰兴趣，积累了大量爱好者对于古代服饰的探索与关注，以"大明衣冠·中国服饰史论坛"为代表的一批网络论坛、社区，以及后来自媒体时代的大量分享者，长期搜集、分享相关服饰文化信息，使许多古代服饰知识得到越来越广泛的传播，出现一批对服饰细节有较高要求的观众群体，对历史真实的接受度也越来越高。

笔者自2017年开始担任央视《国家宝藏》历史服饰顾问，也见证了数年来观众认知反馈对于创作态度的影响变化。从第一季播出开始，在不断的传播互动中，创作团队也在不断提高对于服化真实度的标准。其中一个典型案例，如2020年年底上映的中央电视台《国家宝藏》第三季中的布达拉宫专集，需要呈现唐代文成公主形象。视觉团队在前期收集资料时，选取了现代美术作品中对于文成公主的描绘，大多以《簪花仕女图》为原型进行绘制，这也代表了一般观念里对于盛唐公主的认知。但通过近年服饰史研究成果，我们知道《簪花仕女图》更多反应的是晚唐五代时期的流行，距离文成公主生活时代有两三百年的距离，并不符合历史真实。于是，编剧团队设想是否可以直接参照布达拉宫法王洞中的文成公主像，但通过形制的分析考证，现存肖像很有可能增加了元代到明代的服饰层次，例如外层的半臂和里面的斜襟衫。

所以我们最后的方案是，采用与文成公主生活时期相近的长安宫廷贵妇墓葬壁画中描绘的窄袖衫、间色裙形象作为参照，结合同期出土唐代联珠纹织物纹样和搭配，考证设计了一套不太符合固有印象的文成公主服饰（图14），但可能具有更强的历史真实性。完成之后，团队对于观众的反响并没有太大把握，一度犹豫是否要结合固有印象重做设计。

图 14　《国家宝藏》文成公主形象

但节目播出后所接收到的观众的普遍反馈，接受度和认可度还是相当高的，可见今日观众对于服装史的了解和认知都在提高，希望进一步探索的意愿以及接受度也在不断提高，不可过于低估。

类似的实例还有很多，比如同季《国家宝藏》节目中呈现的郑和宦官服、杨慎状元服等，以及近年的《长安十二时辰》等，都不是迎合固有印象的程式化设计，但普遍都得到好评。由此可见，观众的审美与认知在变化，不仅需要华丽璀璨的视觉效果，也对历史的真实性有更高的要求和期待。

（三）新的考古发现与学术研究更新对影视创作的改进

自现代服饰史学科开始建设以来，影视服饰创作就不断受到最新成果的影响。二十世纪九十年代以前，也有一批优秀的影视作品在创作室邀请了专业文史、服饰学者参与顾问工作，如 1983 年李翰祥导演的《垂帘听政》《火烧圆明园》就邀请了朱家溍作为顾问，1987 年的《红楼梦》也曾请沈从文作为服饰顾问，成为早期影视作品在服化上讲究细节的代表。

但是由于时代的局限，在考古资料和研究还没有深入的时期，许多服饰还难以做到更充分的还原。比如对于明代服饰，早期更多需要通过传世人物画来理解，而在 2005 年孔府旧藏明代服饰大批公开之后，大家的认知才有了较大的更新，与固有印象可能有一些偏差。

近年来，随着大规模的科学考古发掘以及传世文物的进一步公开，各时期的服饰文物实物得以大量被展示，研究者也得以更加深入地分析了解更多的历史服饰信息。同时，各种与服饰相关的图像、文献也陆续得到更多研究，学术研究持续推进，填补一个又一个的空白。形成了不少新时期的考证成果，也在很短的时间在影视荧幕呈现中得以应用。

就以近年明代的翟冠、大衫、霞帔的荧幕重现为例。"凤冠霞帔"是古代汉族命妇的代表性礼装，定型于明代，后来在清代和戏曲舞台中也有延续，但已和原型相去甚远。早期影视剧作品比如 1987 年版《红楼梦》中，贾府女眷"按品大妆"的设计，还留有很重的舞台痕迹，时人并不了解真实的明代大衫霞帔原状如何。2001 年，江西省考古研究所发掘了南昌明代宁靖王夫人吴氏墓，正式发现大衫、霞帔、翟冠实物，并于 2003 年发表简报公布 [7]；2005 年，赵丰老师发表《大衫与霞帔》，结合《明会典》记载，详细探讨了大衫、霞帔的形制细节和渊源 [8]；2011 年董进《Q 版大明衣冠图志》出版 [9]，对这套服装的推广以及帮助大家对明代有一个清楚的认知起了非常大的作用。而后服饰爱好者开始陆续开始仿制，逐渐出现相对还原的作品。

2013 年，北京市文物局图书资料中心收藏《明宫冠服仪仗图》（中东宫冠服图）重现于世并得以出版，其中便有清晰完整的明代彩绘大衫

图 15　江西南昌明代宁靖王夫人墓出土大衫

图像。[10]2019年，高丹丹《宁靖王夫人吴氏墓出土大衫再考》对出土实物形制工艺进一步探讨。[11]2021年，明岐阳王世家命妇大衫霞帔画像在中国国家博物馆"古代服饰文化展"中首次展出。实物、图像、文献齐备，为大衫霞帔的细节搭配提供更多具体线索。

2021年底，中央电视台《国家宝藏》第三季苏州博物馆一集中，邓婕饰演明代王锡爵夫人入宫朝见，按制度需搭配一品翟冠、大衫、霞帔礼服。我们根据近年陆续发现、公开的各种资料细节，通过专业研究成果、数据，以及爱好者们的支持，最终得以在很短时间内把这套服装重现于舞台（图16），也是时隔数百年，明式命妇礼装相对完整的一次荧幕重现。虽然只是数分钟的呈现，但很好地体现了近年服饰史复原研究、观众推动、爱好者参与和影视节目服化创作相结合的情况。

同类的实例近年来有很多，《国家宝藏》中呈现的上百位历史角色，有很多即来自最新的考古与研究成果；又如2015年陆续公开的孔府旧藏服饰，近年多部明代主题影视剧和电视节目陆续借鉴设计；2017年中国丝绸博物馆修复展出的宋赵伯澐墓公服信息，我们很快使用在了《清平乐》的考证创作中；2014年修复并展出的隋唐萧后礼服冠饰，2021年也在《风起洛阳》中得以运用。

四、结语

由于客观条件限制，表演及观众需求等原因，传统的戏曲戏剧演出服

图16 《国家宝藏》第三季王锡爵夫人角色服饰

装并不一味追求"历史真实性",而是更加突出程式化设计、装饰性和可舞性。近现代影视节目服化创作很长一段时间沿用相关思路,对历史真实重视度不强。

但随着展示手段的不断升级,学科建设的深化,以往舞台的一些客观局限被打破。近年服饰复原研究以及科普的推广,又使广大观众和爱好者的水准普遍得以提升,对荧幕作品的历史真实性提出了更高的要求,反过来促进了相关行业的标准提升。

从另一个角度来看,影视服饰不仅仅只有欣赏、表演的功能,也具有大众文化传播、科普推广、展示文化形象的功能。在新时代的影视节目作品服化设计中,也需要与历史真实进行更好的结合,感受历史真实之美,创作出更加优秀的作品,并传递给大众观众。影视作品的正向传播,同时也促进了观众、爱好者对服饰文化认知的提升,形成新的互动关系。

参考文献

[1]中国装束复原团队. 中国妆束[M]. 沈阳:辽宁民族出版社,2013.

[2]赵丰,楼航燕,钟红桑. 以物证源:2018国丝汉服节纪实[M]. 上海:东华大学出版社,2019.

[3]齐静. 演艺服装设计:舞台影视美术实用技巧[M]. 沈阳:辽宁美术出版社,2010.

[4]龚和德. 舞台美术研究[M]. 北京:中国戏剧出版社,1987.

[5]周锡保. 中国古代服饰史[M]. 北京:中国戏剧出版社,1984.

[6]楼航燕,钟红桑. 宋之雅韵:2020国丝汉服节纪实[M]. 上海:东华大学出版社,2021.

[7]徐长青,樊昌生. 南昌明代宁靖王夫人吴氏墓发掘简报[J]. 文物,2003(02):19-34.

[8]赵丰. 大衫与霞帔[J]. 文物,2005(02):75-85.

[9]董进. Q版大明衣冠图志[M]. 北京:北京邮电大学出版社,2011.

[10]北京市文物局图书资料中心. 明宫冠服仪仗图[M]. 北京:燕山出版社,2015.

[11]高丹丹,王亚蓉. 明宁靖王夫人吴氏墓出土素缎大衫与霞帔之再考[J]. 南方文物,2019(02):248-258.

服饰史研究及服饰文物展对当代传统服饰回归运动的影响

——以『明制』传统服饰为例

董进①

摘要： 近年来，以"汉服"为代表的传统服饰回归运动已成为当代中国的文化热点之一，逐渐受到学术界的关注。这一文化现象的出现，与中国传统服饰的发展历史有着密不可分的关系，虽然学术界尚未直接参与其中，但中国服饰史研究的成果、服饰文物的展示以及相关资料的公布出版等，都对传统服饰回归运动产生了重要的推动作用，"明制"传统服饰在这方面尤其具有代表性。随着传统服饰爱好者群体的不断扩大和相关产业的兴起，不同群体对服饰知识的需求也必将对未来中国服饰史研究的内容与方向产生一定的影响。

关键词： 传统服饰；服饰史；博物馆；汉服；明制

在二十一世纪初，随着中国经济的发展，人们对传统文化的关注度与日俱增，在年轻人中间兴起了以"汉服"为代表的传统服饰回归运动。经过近 20 年的发展，越来越多的民众参与其中，已逐渐从小众爱好演变成了当代中国极具影响力的文化现象之一。除了爱好者们广泛使用的"汉服"这一名称外，还出现了"华服""国服"等不同的名称与定义，但总得来说，现代语境下的"汉服"或"华服"，通常指的是以中国古代服饰为基础、在当代重新构建起来的汉族或中华民族的传统服饰体系。由于中国的服饰历史悠久绵长，各个时代都形成了具有自身特色的服饰制度和审美时尚，因此，在今人重建的传统服饰体系里，就出现了周制、汉制、唐制、宋制、明制等以时代特征来划分的服饰类别，而"明制"传统服饰（或称"明制"汉服）是其中非常重要且颇具代表性的一类。

在"汉服"运动刚刚兴起的几年间，大家对传统服饰的了解还处于起步阶段，尤其对于明代服饰的概念，爱好者甚至专业学者，还普遍停留在明清时期文人绘画（如仕女图）、

---

① 董进，"大明衣冠·中国服饰史论坛"创办人，明代帝陵研究会特邀会员。

民间艺术以及戏曲造型等所带来的习惯认知上（图1）。所以有很长一段时间，不少爱好者针对明制传统服饰提出过各种质疑，比较典型的是对明代立领和纽扣的争议，它们是否属于汉族传统服饰的元素、能不能纳入当代重建的传统服饰体系，在当时的网络上出现过非常激烈的争论（图2~图4）。

最早对明代服饰爱好者影响较大的一部学术出版物是《定陵》。定陵是明神宗与孝端、孝靖两位皇后的合葬墓，从1956年5月至1958年7月，中国的考古工作者对定陵进行了考古发掘，共清理出土各类随葬器物两千余件，包括了品类繁多的纺织品和服饰。由于各种历史原因，定陵的发掘报告直到1979年末才着手编写。1990年5月，《定陵》（上、下册）

图1　明代唐寅绘《秋风纨扇图》轴
　　　（上海博物馆藏）

图2　明代妇女坐像
　　　（普林斯顿大学艺术博物馆藏）

图3　明代大红色飞鱼纹妆花纱
　　　女长衫（局部，山东博物馆藏）

图4　明代益宣王妃黄锦对襟短袄
　　　（局部，江西省博物馆藏）

由文物出版社正式出版（图5）。《定陵》详细列出了神宗帝后服饰的款式、名称、细节结构和各项数据等，并配有大量线描图和照片。2006年，北京昌平区十三陵特区办事处又编纂了两卷本的《定陵出土文物图典》（北京美术摄影出版社），包括服装、首饰、纺织品在内的大量文物图片都发表在该书中（图6、图7）。《定陵》和《定陵出土文物图典》让大家看到了明后期皇家立领女装的实物以及各式纽扣在女装上的使用，结合其他明墓的考古发现，有关立领和纽扣的争论逐渐平息。明代服饰爱好者们还根据《定陵》《定陵出土文物图典》所提供的详细信息，对服饰文物进行研究和仿制，从而对明代服饰有了更加深入、准确的认识（图8）。由此，大家也越来越关注历年来各地明墓的发掘报告以及学者们的研究成果。

　　传统服饰的应用，与传统礼仪有着密不可分的关系，因此各类礼服一直是爱好者们关注的重点之一。明制传统服饰中，女性最隆重的一款

图5　《定陵》扉页

图6　《定陵出土文物图典》
　　　卷一封面

图7　《定陵出土文物图典》
　　　内页之"乌纱翼善冠"

图8　明定陵出土乌纱翼善冠仿制品（沈斌栋制作及供图）

礼服是大衫、霞帔①，尽管一些明代画像上描绘了命妇身穿大衫、霞帔的形象，但具体细节尚不能仅凭图像来考察（图9）。2001年，在江西南昌新建县发掘的宁靖王夫人吴氏墓里，出土了保存完好的明中期大衫、霞帔实物，中国丝绸博物馆赵丰先生在2005年第二期《文物》上发表了《大衫与霞帔》一文，对吴氏墓大衫、霞帔的形制、尺寸等作了详细的描述与考证，此后，传统服饰爱好者以及很多影视剧所制作的明式大衫、霞帔，基本都参考自赵丰先生的文章。韩国的学者也据此复原了明朝赐给朝鲜王妃的大衫，并很快出现在韩剧等艺术作品里。

2019年，高丹丹、王亚蓉又先后发表了《明宁靖王夫人吴氏墓出土素缎大衫与霞帔之再考》以及《浅谈明宁靖王夫人吴氏墓出土"妆金团凤纹补鞠衣"》等文章，进一步完善了对吴氏墓大衫、霞帔的研究。这些成果发表之后，很快被明制传统服饰的爱好者与制作者们注意到，各款精心仿制的明式大衫、霞帔、鞠衣等纷纷出现，不仅在电视节目和传统服饰活动里可以看到，更成为了很多"明制婚礼"的新娘盛装，大众对明代女性礼服——亦即民间口语中经常提到的"凤冠霞帔"，逐渐有了清晰、直观的了解（图10）。

图9　明代命妇礼服像（普林斯顿大学艺术博物馆藏）

图10　仿明大衫、霞帔和鞠衣（牙牙制作及供图）

---

① 按照《大明会典》的记载，自皇妃以下到各级命妇，均以翟冠、大衫、霞帔等为礼服（又称冠服）。

在山东曲阜孔府，曾保存了一批非常珍贵的明代传世服饰实物，包括祭服、朝服、礼服、公服、常服、吉服、便服等，涉及纱、罗、绸、绫、缎、缂丝等多种面料，不但数量多、保存状况良好，且年代久远、体系完整、种类丰富、传承有序，对研究中国服饰史、纺织工艺史、经济史等具有重要价值。孔府这批明代服饰后来分别收藏在山东博物馆与孔子博物馆。二十世纪七十年代发掘的明鲁荒王墓，出土的明初藩王服饰也悉数珍藏于山东博物馆。这些服饰文物曾部分发表在《中国织绣服饰全集·历代服饰卷》（2004）、《山东省博物馆藏珍·服饰卷》（2004）、《济宁文物珍品》（2010）以及《鲁荒王墓》（2014）等出版物中。

2012 年 8 月，山东博物馆举办了"斯文在兹——孔府旧藏服饰特展"，这次展览选取了百余件馆藏孔府明代、清代及民国服饰精品。2013 年，山东博物馆又与故宫博物院、曲阜文物局联合举办了"大羽华裳——明清服饰特展"，孔府旧藏明代服饰的精品部分通过这些展览陆续对公众展出（图 11、图 12）。

孔府明代服饰展对传统服饰回归运动产生了非常大的影响，这些传世的服饰实物依然保留了鲜艳的色彩和绚丽的纹饰，让大众能非常直观地感受到明代服饰之美。而孔府的明代男女吉服端庄华丽，便服则优雅舒适，能充分满足当代生活中对传统服饰的应用需求，爱好者和商家们开始纷纷仿制最受大众欢迎的孔府明代服饰款式。在这一过程中，专业学者和爱好者对明代服饰的色彩、纹样以及结构都展开了深入的研究与讨论，山东博物馆和孔子博物馆也在此后的几年里，持续发布了一些孔府明代服饰的高清数字化图片，成为大家分享、收存的重要参考资料（图13、图14），因此，一批质量较高的明制传统服饰开始在爱好者圈内和"汉服"市场上出现（图 15）。

图 11　山东博物馆"斯文在兹——孔府旧藏服饰特展"　图 12　"斯文在兹——孔府旧藏服饰特展"中的明代梁冠

图 13　明代暗绿地织金纱云肩翔凤短衫（孔子博物馆藏）

图 14　明代葱绿地妆花纱蟒裙（孔子博物馆藏）

图 15　仿明翔凤云肩通袖织
金纱和龙凤妆花织金纱襕裙
（钟一毅制作及供图）

　　很多地方博物馆也收藏有本地明墓出土的服饰文物，如江苏的泰州博物馆就在新馆中专门开辟了"大明衣冠——泰州明墓出土服饰陈列"的常设展厅，从泰州地区出土的众多明代服饰中遴选出近百件进行展出。这些服饰大部分属于明中后期的官员、士人阶层，在时代和种类上，可与孔府明代服饰实现一定程度的衔接，是研究明代服饰史不可或缺的实物资料。但对爱好者来说，展厅里的服饰文物虽然可以近距离欣赏，但并不能真正接触到，而以往的考古报告或出版物中发表的服饰照片，绝大部分只有正面图像，到博物馆也只能看到服饰文物的正面展示，很多细节结构仍然无法获知，要想用作传统服饰的制作参考，还是有着相当大的难度。

　　所以早期对形制还原要求较高的明制传统服饰爱好者，往往通过绘图、制作纸样和衣服模型等方式（图 16），来对服饰文物的结构进行推测，并且利用网络平台发表自己的考证成果，互相探讨切磋，希望在制作时能尽可能做到准确、规范。

爱好者们所作的努力，引起了很多专家学者的关注，考虑到服饰文物的特殊性和大众对传统服饰制作的需要，山东博物馆关于"斯文在兹——孔府旧藏服饰特展"的图录就选取了各款服饰的正面、背面、打开以及局部纹饰的照片，充分展示了文物的细节信息。中国丝绸博物馆的"钱家衣橱——无锡七房桥明墓出土服饰保护修复展"图录（图17），不仅有文物

图16　明制服饰纸样（吴奕成制作及供图）

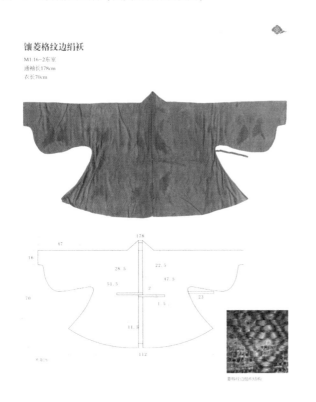

图17　《钱家衣橱——无锡七房桥明墓出土服饰保护修复展》内页

照片，还绘制了精细的线图，并标注出服饰各部位的详细数据，这些对爱好者和商家们了解服饰结构并正确制作提供了极大的帮助。

2020 年 9 月，山东博物馆举办的"衣冠大成——明代服饰文化展"隆重开幕，在时隔八年之后，又一次将本馆及孔子博物馆收藏的孔府明代服饰精品汇集起来，面向大众展示。这次展览的图录^①经过馆内专家的反复讨论和精心设计，充分考虑服饰史学者和传统服饰爱好者的需求，利用全新设备采集了每件文物的多角度照片，仔细测量服饰各部位数据，绘制了多幅代表性款式的结构线图，并将与明代服饰研究有关的参考文献以及各地出土了服饰织物的明墓考古信息等，经过认真梳理后一一列出。这本图录出版之后获得多方好评，已经成为研究、仿制明代服饰必不可少的学术参考书籍（图 18）。

多年来，服饰史领域的专业学者们从明代服饰的材质、结构、纹饰、色彩等多个角度展开深入研究，取得了非常丰硕的成果，如纹样方面有：

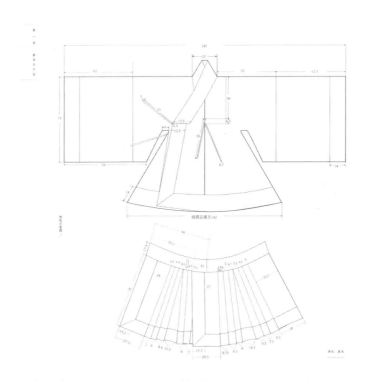

图 18　《衣冠大成——明代服饰文化展》内页

① 山东博物馆：《衣冠大成——明代服饰文化展》，山东美术出版社，2020。

薛雁《明代丝绸中的四合如意云纹》（《丝绸》2001 年第 6 期），郑丽虹《明代应景丝绸纹样的民俗文化内涵》（《丝绸》2009 年第 12 期），包铭新、李晓君《"天鹿锦"或"麒麟补"》（《故宫博物院院刊》2012 年第 5 期），董波《明代丝绸龟背纹来源探析》（《丝绸》2013 年第 8 期），吕健、周坤《孔府旧藏明代服饰中所见的纹样》（《旅游世界》2020 年第 9 期）等。形制与工艺方面有：许晓《孔府旧藏明代服饰研究》（硕士论文，2014 年），丁培利《四合如意暗花云纹云布女衫的保护修复与研究》（硕士论文，2014 年），崔莎莎、胡晓东《孔府旧藏明代男子服饰结构选例分析》（《服饰导刊》2016 年第 1 期），蒋玉秋《明代环编绣獬豸胸背技术复原研究》（《丝绸》2016 年第 2 期），蒋玉秋《明代柿蒂窠织成丝绸服装研究》（《艺术设计研究》2017 年第 3 期），刘畅、刘瑞璞《明代官袍标本"侧耳"结构的复原与分析》（《服饰导刊》2017 年第 6 期），刘畅《明代官袍结构与规制研究》（硕士论文，2017 年），蒋玉秋、王淑娟、杨汝林《嘉兴王店李家坟明墓出土圆领袍复原研究》（《丝绸》2020 年第 5 期），蒋玉秋《明代织成服装用料类型研究》（《艺术设计研究》2020 年第 5 期）等。

传统服饰爱好者对于专家们的学术成果都积极分享和认真学习，并在制作与穿着的实践中不断进步，不少人在文献整理、实物研究等方面获取了各种心得与新的发现，也提出过颇有价值的观点，这使得明制传统服饰的制作越来越严谨、精良。大家不仅在网络社交平台上相互交流，线下的爱好者团体和各类"汉服"活动也逐年增加（图 19）。

图 19　明制传统服饰爱好者的实践活动（王轩供图）

爱好者和商家们还在以新工艺和新材质来表现传统面料效果方面做了大量的尝试，一定程度上推动了相关产业的发展和技术进步（图20）。传统服饰设计者们也从明代服饰所蕴含的中国古典美学里得到启发，除了对古代图案元素的直接继承，具有原创性的全新设计亦不断出现，并尝试着将当代的多元审美融入到传统服饰图案的设计中（图21）。

　　传统服饰要走向生活，就必须满足人们完整穿戴的需要。除衣服外，各种首饰、配饰也是不可或缺的重要组成部分。孙机先生的《明代的束发冠、（髟狄）髻与头面》（《文物》2001年第7期）、扬之水先生的《明代头面》（《中国历史文物》2003年第4期）以及陆锡兴先生的《明代巾、簪之琐论》（《南方文物》2009年第2期）等，都是较早针对明代冠巾首饰所作的研究。扬之水先生后来出版的《奢华之色——宋元明金银器

图20　仿明代服饰面料（沈斌栋制作及供图）

图21　锦鲤月影云肩通袖妆花织金纱竖领圆襟长衫（钟一毅制作及供图）

研究》（2016）和《中国古代金银首饰》（2014），不仅全面展现了中国传统金银饰品的发展脉络，还对首饰的类别、纹饰、工艺等作了深入详尽的分析介绍。

这些学术成果以及各博物馆展示的古代首饰实物，成为了推动明代首饰复刻产业诞生与发展的基础。当代仿制的明式传统首饰，很大一部分采用了新材料和新工艺，适合批量生产，同时也能将成本控制在大众可接受的范围内（图22）。还有一部分则是由传统工艺传承人较为严格地按照文物信息来复制，使得古老的中国首饰制作技艺在传统服饰回归运动的背景下重新焕发出活力（图23）。

明制传统服饰的复兴，仍有不少地方需要专家学者从服饰史研究的角度进行引导。比如明代服饰的类别与穿戴场合，目前仍缺乏比较清晰的论述，大众对于男性朝服祭服、女性礼服以及男女常服、吉服、便服的分类还很模糊，造成了一定程度的穿戴混乱。而不同场合应该选择哪一类服饰，每类服饰的首饰、佩饰应如何搭配等，都需要学者们通过复原研究的方式来提供参考。此外，明代不同时期流行审美所导致的服饰变化，也是爱好者们相当关注的内容，这就需要对大量的服饰文物和写实绘画进行梳理、对比。传统服饰回归运动亟待解决的种种问题，或许也会给未来的中国服饰史研究提供新的课题与方向。

图22　采用数字化建模和3D打印等技术
　　　制作的仿明金凤簪（沈斌栋制作及供图）

图23　采用掐丝、錾刻等传统工艺制作的
　　　仿明首饰（马赛制作及供图）

服饰史在今天　165

文献附录

服饰史研究的回顾与展望
NSM Costume Forum

古代论著

［1］（春秋）左丘明. 左传［M］. 蒋冀骋，标点. 长沙：岳麓书社，1988.

［2］（春秋）李聃. 道德经［M］. 赵炜，编译. 西安：三秦出版社，2018.

［3］（西汉）司马迁. 史记［M］. 北京：中华书局，1959.

［4］（西汉）戴圣. 礼记［M］. 陈澔，注. 上海：上海古籍出版社，1987.

［5］（东汉）班固. 汉书［M］. 北京：中华书局. 2007.

［6］（东汉）班固. 汉书补注［M］. 王先谦，补注. 上海：上海古籍出版社，2008.

［7］（南北朝）范晔. 后汉书［M］. 北京：中华书局，2007.

［8］（宋）李如圭. 仪礼集释［M］. 北京：商务印书馆，1939.

［9］（宋）欧阳修，宋祁. 新唐书［M］. 北京：中华书局，1975.

［10］（宋）聂崇义. 新定三礼图［M］. 丁鼎，点校. 北京：清华大学出版社，2006.

［11］（明）宋应星. 天工开物［M］. 钟广言，注释. 广州：广东人民出版社，1976.

［12］（明）李东阳，申时行. 大明会典［M］. 台北：文海出版社，1964.

［13］（明）黄宗羲. 深衣考［M］. 北京：中华书局，1991.

［14］（明）王圻，王思义. 三才图会［M］. 北京：文物出版社，2018.

［15］（清）许慎. 说文解字注［M］. 段玉裁，注. 扬州：江苏广陵古籍刻印社，1981.

［16］（清）佚名. 天水冰山录［M］. 北京：中华书局，1985.

［17］（清）黄宗羲. 深衣考［M］. 北京：中华书局，1991.

［18］（清）江永. 深衣考误［M］. 北京：中华书局，1991.

［19］（清）宋绵初. 释服［M］. 上海：上海古籍出版社，1996.

［20］（清）任大椿. 深衣释例［M］. 上海：上海古籍出版社，1996.

［21］（清）戴震. 深衣解［M］. 上海：上海古籍出版社，2002.

［22］（清）陆心源. 仪顾堂集［M］. 王增清，点校. 杭州：浙江古籍出版社，2015.

［23］梁启超. 中国近三百年学术史［M］. 北京：商务印书馆，2017.

近现代论著

（一）国内论著

［1］张末元. 汉代服饰参考资料［M］. 北京：人民美术出版社，1960.

［2］王宇清. 历代妇女袍服考实［M］. 台北：中国旗袍研究会，1975.

［3］中国第一历史档案馆. 清代档案史料丛编［M］. 北京：中华书局，1980.

［4］沈从文. 中国古代服饰研究［M］. 香港：商务印书馆，1981.

［5］周锡保. 中国古代服饰史［M］. 北京：中国戏剧出版社，1984.

［6］周汛，高春明. 中国历代服饰［M］. 上海：学林出版社，1984.

［7］上海市戏曲学校中国服装史研究组. 中国历代服饰［M］. 上海：学林出版社，1984.

［8］龚和德. 舞台美术研究［M］. 北京：中国戏剧出版社，1987.

［9］周汛，高春明. 中国历代妇女妆饰［M］. 上海：学林出版社，1988.

［10］华梅. 中国服装史［M］. 天津：天津人民美术出版社，1989.

［11］睡虎地秦墓竹简整理小组. 睡虎地秦墓竹简［M］. 北京：文物出版社，1990.

［12］中国第一历史档案馆. 圆明园［M］. 上海：上海古籍出版社，1991.

［13］刘永华. 中国古代军戎服饰［M］. 上海：上海古籍出版社，1995.

［14］鲁文生. 山东省博物馆藏珍：服饰卷［M］. 济南：山东文化音像出版社，1997.

［15］高春明. 中国古代的平民服装［M］. 北京：商务印书馆国际有限公司，1997.

［16］包铭新，马黎，吴娟，等. 中国旗袍［M］. 上海：上海文化出版社，1998.

［17］赵评春，迟本毅. 金代服饰：金齐国王墓出土服饰研究［M］. 北京：文物出版社，1998.

［18］黄能馥，陈娟娟. 中华历代服饰艺术［M］. 北京：中国旅游出版社，1999.

［19］周迪人，周旸，杨明. 德安南宋周氏墓［M］. 南昌：江西人民出版社，1999.

［20］安毓英，金庚荣. 中国现代服装史［M］. 北京：中国轻工业出版社，1999.

［21］梁京武，赵向标. 二十世纪怀旧系列（二）：老服饰［M］. 北京：龙门书局，1999.

［22］郑巨欣. 世界服装史［M］. 杭州：浙江摄影出版社，2000.

［23］张竞琼，蔡毅. 中外服装史对览［M］. 上海：中国纺织大学出版社，2000.

［24］孙机. 中国古舆服论丛［M］. 北京：文物出版社，2001.

［25］李之檀. 中国服饰文化参考文献目录［M］. 北京：中国纺织出版社，2001.

［26］高春明. 中国服饰名物考［M］. 上海：上海文化出版社，2001.

［27］易中天，陈建娜，董炎，等. 人的确证：人类学艺术原理［M］. 上海：上海文艺出版社，2001.

［28］王文锦. 礼记译解［M］. 北京：中华书局，2001.

［29］杨源. 中国服饰百年时尚［M］. 呼和浩特：远方出版社，2003.

［30］中国第二历史档案馆. 民国军服图志［M］. 上海：上海书店出版社，2003.

［31］宗凤英. 清代宫廷服饰［M］. 北京：紫禁城出版社，2004.

［32］包铭新. 近代中国女装实录［M］. 上海：东华大学出版社，2004.

［33］黄能馥，陈娟娟. 中国服饰史［M］. 上海：上海人民出版社，2004.

［34］常沙娜. 中国织绣服饰全集：历代服饰卷［M］. 天津：天津人民美术出版社，2004.

［35］袁仄. 中国服装史［M］. 北京：中国纺织出版社，2005.

［36］李当岐. 西洋服装史［M］. 2版. 北京：高等教育出版社，2005.

［37］包铭新. 中国染织服饰史文献导读［M］. 上海：东华大学出版社，2006.

［38］袁杰英. 中国历代服饰史［M］. 北京：高等教育出版社，2006.

［39］北京市昌平区十三陵特区办事处. 定陵出土文物图典［M］. 北京：北京美术摄影出版社，2006.

［40］赵丰，伊弟利斯·阿不都热苏勒. 大漠联珠：环塔克拉玛干丝绸之路服饰文化考察报告［M］. 上海：东华大学出版社，2007.

［41］崔圭顺. 中国历代帝王冕服研究［M］. 上海：东华大学出版社，2007.

［42］华梅. 中国近现代服装史［M］. 北京：中国纺织出版社，2008.

［43］赵丰. 西北风格 汉晋织物［M］. 香港：艺纱堂／服饰工作队，2008.

［44］张晓黎. 见证中国服装30年［M］. 成都：四川美术出版社，2008.

［45］宋卫忠. 当代北京服装服饰史话［M］. 北京：当代中国出版社，2008.

［46］高春明. 中国历代服饰艺术［M］. 北京：中国青年出版社，2009.

［47］阎步克. 服周之冕：《周礼》六冕礼制的兴衰变异［M］. 北京：中华书局，2009.

［48］国家文物局博物馆与社会文物司. 博物馆纺织品文物保护技术手册［M］. 北京：文物出版社，2009.

［49］廖军，许星. 中国服饰百年［M］. 上海：上海文化出版社，2009.

［50］崔荣荣，张竞琼. 近代汉族民间服饰全集［M］. 北京：中国轻工业出版社，2009.

［51］王国维. 王国维全集：第十四卷［M］. 浙江：浙江教育出版社，2009.

［52］张竞琼. 从一元到二元：近代中国服装的传承经脉［M］. 北京：中国纺织出版社，2009.

［53］阎步克. 官阶与服等［M］. 上海：复旦大学出版社，2010.

［54］包铭新. 中国染织服饰史图像导读［M］. 上海：东华大学出版社，2010.

［55］袁仄，胡月. 百年衣裳：20世纪中国服装流变［M］. 北京：生活·读书·新知三联书店，2010.

［56］徐华龙. 上海服装文化史［M］. 上海：东方出版中心，2010.

［57］齐静. 演艺服装设计：舞台影视美术实用技巧［M］. 沈阳：辽宁美术出版社，2010.

［58］辞海编辑委员会. 辞海［M］. 上海：上海辞书出版社. 2010.

［59］袁仄，胡月. 百年衣裳：20世纪中国服装流变［M］. 北京：生活·读书·新知三联书店，2010.

［60］济宁市文物局. 济宁文物珍品［M］. 北京：文物出版社，2010.

［61］刘瑜. 中国旗袍文化史［M］. 上海：上海人民美术出版社，2011.

［62］周锡保. 中国古代服饰史［M］. 北京：中央编译出版社，2011.

［63］中国服装协会. 服装廿念［M］. 北京：中国纺织出版社，2011.

［64］董进. Q版大明衣冠图志［M］. 北京：北京邮电大学出版社，2011.

［65］薛雁. 华装风姿：中国百年旗袍［M］. 北京：中国摄影出版社，2012.

［66］李楠. 现代女装之源：1920年代中西方女装比较［M］. 北京：中国纺织出版社，2012.

［67］包铭新，李甍. 中国北方古代少数民族服饰研究［M］. 上海：东华大学出版社，2013.

［68］刘瑞璞. 中华民族服饰结构图考：汉族编［M］. 北京：中国纺织出版社，2013.

［69］中国装束复原团队. 中国妆束［M］. 沈阳：辽宁民族出版社，2013.

［70］杨荫深. 事物掌故丛谈：衣冠服饰［M］. 上海：上海辞书出版社，2014.

［71］杨之水. 中国古代金银首饰［M］. 北京：故宫出版社，2014.

［72］周松芳. 民国衣裳：旧制度与新时尚［M］. 广州：南方日报出版社，2014.

［73］卞向阳. 中国近现代海派服装史［M］. 上海：东华大学出版社，2014.

［74］山东博物馆，山东省文物考古研究所. 鲁荒王墓［M］. 北京：文物出版社，2014.

［75］北京市文物局图书资料中心. 明宫冠服仪仗图［M］. 北京：北京燕山出版社，2015.

［76］郑春颖. 高句丽服饰研究［M］. 北京：中国社会科学出版社，2015.

［77］焦金鹏. 治家格言［M］. 南昌：二十一世纪出版社，2015.

［78］李甍. 历代《舆服志》图释：辽金卷［M］. 上海：东华大学出版社，2016.

［79］撷芳主人. 大明衣冠图志［M］. 北京：北京大学出版社，2016.

［80］贾玺增. 中外服装史［M］. 上海：东华大学出版社，2016.

［81］南京博物院. 美色清华：民国粉彩时装人物瓷绘［M］. 南京：译林出版社，2016.

［82］孙机. 华夏衣冠：中国古代服饰文化［M］. 上海：上海古籍出版社，2016.

［83］孙长初. 艺术考古学［M］. 重庆：重庆大学出版社，2016.

［84］杨之水. 奢华之色：宋元明金银器研究［M］. 北京：中华书局，2016.

［85］张玲. 东周楚服结构风格研究［M］. 北京：中国传媒大学出版社，2016.

［86］李甍. 历代《舆服志》图释：元史卷［M］. 上海：东华大学出版社，2017.

［87］徐华龙. 民国服装史［M］. 上海：上海交通大学出版社，2017.

［88］张良. 宋服之冠：黄岩南宋赵伯澐墓文物解读［M］. 北京：中国文史出版社，2017.

［89］张志春. 中国服饰文化［M］. 3 版. 北京：中国纺织出版社，2017.

［90］扬之水. 定名与相知：博物馆参观记［M］. 桂林：广西师范大学出版社，2018.

［91］扬之水. 物色：金瓶梅读"物"记［M］. 北京：中华书局，2018.

［92］卞向阳，崔荣荣，张竞琼，等. 从古到今的中国服饰文明［M］. 上海：东华大学出版社，2018.

［93］梁惠娥，崔荣荣，贾蕾蕾. 汉族民间服饰文化［M］. 北京：中国纺织出版社，2018.

［94］赵丰，楼航燕，钟红桑. 以物证源：2018 国丝汉服节纪实［M］. 上海：东华大学出版社，2019.

［95］李胜菊，月月. 五彩彰施：民国织物彩绘图案［M］. 上海：上海书画出版社，2019.

［96］吴欣，赵波. 臻美袍服［M］. 北京：中国纺织出版社，2019.

［97］敦煌研究院. 丝绸之路上的文化交流：吐蕃时期艺术珍品［M］. 北京：中国藏学出版社，2020.

［98］赵丰，楼航燕，钟红桑. 明之华章：2019 国丝汉服节纪实［M］. 上海：东华大学出版社，2020.

［99］龚建培. 旗袍艺术：多维文化视域下的近代旗袍及面料研究［M］. 北京：中国纺织出版社，2020.

［100］刘剑，王业宏. 乾隆色谱：17—19 世纪纺织品染料研究与颜色复原［M］. 杭州：浙江大学出版社，2020.

［101］牛犁，崔荣荣. 绣罗衣裳［M］. 北京：中国纺织出版社，2020.

［102］孙晔，胡霄睿. 旖旎锦绣［M］. 北京：中国纺织出版社，2020.

［103］崔荣荣，卢杰，夏婷婷. 五彩香荷［M］. 北京：中国纺织出版社，2020.

［104］崔荣荣，王志成. 生辉霞履［M］. 北京：中国纺织出版社，2020.

［105］蒋玉秋. 明鉴：明代服装形制研究［M］. 北京：中国纺织出版社，2021.

［106］贾玺增. 中国服装史［M］. 上海：东华大学出版社，2021.

［107］楼航燕，钟红桑. 宋之雅韵：2020 国丝汉服节纪实［M］. 上海：东华大学出版社，2021.

［108］王春法. 中国古代服饰文化［M］. 北京：北京时代华文书局，2022.

（二）国外论著

［1］（日）桑原骘藏. 东洋史要［M］. 樊炳清，译. 杭州：东文学社，1899.

［2］（日）田中尚房. 历世服饰考［M］. 东京：吉川弘文馆，1893.

［3］（日）猪熊浅磨. 旧仪装饰十六图谱［M］. 京都：京都美术协会，1903.

［4］（日）泽田宗三. 产业艺术立国论［C］// 毛斯纶协会. 染织图案变迁史. 京都：［出版者不详］，1929.

［5］（日）泷泽邦行. 服饰图案的两大要素"关于色和线"［C］// 毛斯纶协会. 染织图案变迁史. 京都：［出版者不详］，1929.

［6］（日）岩佐有彩. 图案家的社会状况回顾［C］// 毛斯纶协会. 染织图案变迁史. 京都：［出版者不详］，1929.

［7］（日）织田萌. 献给诸位图案家［C］// 毛斯纶协会. 染织图案变迁史. 京都：［出版者不详］，1929.

［8］（日）织田萌. 富士绢工业发展史［M］. 大阪：昭和织物新闻社，1932.

［9］（日）织田萌. 铭仙大观［M］. 大阪：昭和织物新闻社，1933.

［10］（日）织田萌. 大阪三越三十年史［M］. 大阪：昭和织物新闻社，1933.

［11］（日）织田萌. 毛斯纶大观全［M］. 大阪：昭和织物新闻社，1934.

［12］（日）织田萌. 行业功勋者百人集［M］. 大阪：昭和织物新闻社，1935.

［13］（日）日本织物新闻社编撰部. 日本织物二千六百年史［M］. 大阪：日本织物新闻社，1940.

［14］（日）佚名. 故实丛书：历世服饰史［M］. 东京：吉川弘文馆，1952.

［15］（日）藤原时平，藤原忠平．延喜式［M］．东京：樱花出版社，2016．

［16］（日）织田萌．染织图案变迁史［M］．东京：ゆまに书房，2012．

［17］（日）丹野郁．西洋服装发达史：古代 中世编［M］．东京：光生馆，1958．

［18］（日）丹野郁．西洋服装发展史：近世编［M］．东京：光生馆，1960．

［19］（日）丹野郁．西洋服装发展史：现代编［M］．东京：光生馆，1965．

［20］（日）滝川政次郎．弘仁主税式注解［M］．［出版地不详］：［出版者不详］，［出版时间不详］．

［21］（日）泷川政次郎．律令格式的研究［M］，东京：角川书店．1967．

［22］（日）佚名．近代服装发展文化史［M］．东京：光生馆．1973．

［23］（日）丹野郁，原田二郎．西洋服饰史［M］．东京：衣生活研究会，1975．

［24］（日）松本宗久．王朝盛饰：平安朝之色［M］．东京：学习研究社，1975．

［25］（日）丹野郁．南蛮服饰研究：西洋服装对日本服装的影响［M］．东京：雄山阁，1976．

［26］（日）丹野郁．综合服饰史事典［M］．东京：雄山阁．1980．

［27］（日）丹野郁．服饰的世界史［M］．东京：白水社．1985．

［28］（日）丹野郁，原田二郎．西方服装史［M］．康明瑶，陈秉璋，译．太原：山西人民出版社．1993．

［29］（日）丹野郁，滨田雅子．西洋服装史［M］．东京：东京堂．1999．

［30］（日）丹野郁，原田二郎，池田孝江．图说服饰百科事典［M］．东京：岩崎美术社，1971．

［31］CAMMANN S．Chana's Dragon Robes［M］．Chicago：Art Media Resources Ltd，1952．

［32］BURNHAM K D．Cut My Cote［M］．Toronto：University of Toronto Press，1973．

［33］BARTHES R．The Fashion System［M］．California：University of California Press，1990．

［34］WATT J C Y．When Silk Was Gold：Central Asian and Chinese Textiles［M］．Metropolitan Museum of Art in cooperation with the Cleveland Museum of Art：Distributed by H. N. Abrams，1997．

［35］VOLLMER E J．Ruling From The Dragon Throne［M］．Hongkong：
Ten Speed Press，2002.

［36］ZHAO F．Silk Dress with Golden Threads：Costumes and Textiles
from Liao and Yuan Periods（10th to 13th century），Style from the Steppes
［M］．London：Rossi & Rossi，2004.

［37］WU J J．Chinese Fashion：From Mao to Now［M］．New York：
Bloomsbury Academic，2009.

［38］GORRIGAN G．Tibetan Dress in AMDO&KHAM［M］．London：
Hali Publications，2017.

［39］（英）乔纳森·M．伍德姆．20世纪的设计［M］．周博，沈莹，译.
上海：上海人民出版社，2012.

［40］（英）肯尼斯·韩歇尔．日本小史［M］．李忠晋，马昕，译. 北京：
北京联合出版公司，2016.

［41］（挪）谢尔提·法兰．设计史：理解理论与方法［M］．张黎，译. 南
京：江苏凤凰美术出版社，2016.

考古报告或简报

［1］宿白．白沙宋墓［M］．北京：文物出版社，1957.

［2］湖南省博物馆，中国科学院考古研究所．长沙马王堆一号汉墓［M］.
北京：文物出版社，1973.

［3］福建省博物馆．福州南宋黄昇墓［M］．北京：文物出版社，1982.

［4］湖北省荆州地区博物馆．江陵马山一号楚墓［M］．北京：文物出版社，
1985.

［5］中国社会科学院考古研究所，定陵博物馆，北京市文物工作队．定陵
［M］．北京：文物出版社，1990.

［6］齐小光，王建国，从艳双．辽耶律羽之墓发掘简报［J］．文物，1996
（1）：4-32+97-100+1-2.

［7］周金玲，李文瑛，尼加提，等．新疆尉犁县营盘墓地15号墓发掘简报［J］.
文物，1999（1）：4-16+97-102+1-2.

［8］内蒙古博物馆，内蒙古兴安盟文物工作站，中国丝绸博物馆．内蒙古兴
安盟代钦塔拉辽墓出土丝绸服饰［J］．文物，2002（4）：55-68+2.

［9］徐长青，樊昌生．南昌明代宁靖王夫人吴氏墓发掘简报［J］．文物，2003（02）：19-34．

［10］高丹丹，王亚蓉．浅谈明宁靖王夫人吴氏墓出土"妆金团凤纹补鞠衣"［J］．南方文物，2018（3）：285-291．

［11］高丹丹，王亚蓉．明宁靖王夫人吴氏墓出土素缎大衫与霞帔之再考［J］．南方文物，2019（2）：248-258．

期刊论文

［1］薛雁．浅谈中国古代丝织物规格与服装的关系［J］．古今丝绸，1995（1）：56-62．

［2］卞向阳．论中国服装史的研究方法［J］．中国纺织大学学报，2000（4）：22-25．

［3］孙机．明代的束发冠、（髲狄）髻与头面［J］．文物，2001（7）：62-83+1．

［4］薛雁．明代丝绸中的四合如意云纹［J］．丝绸，2001（6）：44-46．

［5］卞向阳．中国服装史学的起源、现状和发展趋势［J］．浙江工程学院学报，2001，18（4）：59-64．

［6］扬之水．明代头面［J］．中国历史文物，2003（4）：24-39+94-96．

［7］徐长青，樊昌生．南昌明代宁靖王夫人吴氏墓发掘简报［J］．文物，2003（2）：19-34．

［8］赵丰．大衫与霞帔［J］．文物，2005（2）：75-85．

［9］徐思彦．当代中国学术史：仅有文本是不够的［J］．云梦学刊，2005（4）：21-22．

［10］叶继元．宜用新的研究方法研究"当代学术史"［J］．云梦学刊，2005（4）：18-20．

［11］赵丰，中国纺织品科技考古和保护修复的现状与将来［J］．文物保护与考古科学，2008（20增刊）：27-31．

［12］赵丰，王乐，王明芳．论青海阿拉尔出土的两件锦袍［J］．文物，2008（8）：66-73+2+1+97．

［13］颜春．中国服装三十年：新时期中国服装发展史研究之一（1978—1992）［D］．北京：北京服装学院，2008．

[14] 郑丽虹. 明代应景丝绸纹样的民俗文化内涵 [J]. 丝绸, 2009（12）: 53-57.

[15] 陆锡兴. 明代巾、簪之琐论 [J]. 南方文物, 2009（2）: 89-96+88.

[16] 戚孟勇. 基于品牌演变的温州服装业发展历程研究（1979—2010）[D]. 上海: 东华大学, 2011.

[17] 雷绍锋. 中国近代设计史论纲 [J]. 设计艺术研究, 2012, 2（6）: 84-90+117.

[18] 朱凤瀚, 韩巍, 陈侃理. 北京大学藏秦简牍概述 [J]. 文物, 2012（6）: 65-73+1.

[19] 包铭新, 李晓君. "天鹿锦"或"麒麟补" [J]. 故宫博物院院刊, 2012（5）: 146-150+163.

[20] 董波. 明代丝绸龟背纹来源探析 [J]. 丝绸, 2013, 50（8）: 63-69.

[21] 王淑娟. 敦煌莫高窟北区出土元代红色莲鱼龙纹绫袍的修复与研究 [M]// 赵丰, 罗华庆. 千缕百衲: 敦煌莫高窟出土纺织品的保护与研究. 香港: 艺纱堂 / 服饰工作队, 2014: 54-62.

[22] 许晓. 孔府旧藏明代服饰研究 [D]. 苏州: 苏州大学, 2014.

[23] 丁培利. 四合如意暗花云纹云布女衫的保护修复与研究 [D]. 北京: 北京服装学院, 2015.

[24] 刘丽. 北大藏秦简《制衣》简介 [J]. 北京大学学报（哲学社会科学版）, 2015, 52（2）: 47.

[25] 郑攀, 武利利. 京剧《四郎探母》中铁镜公主服饰特色分析 [J]. 国际纺织导报, 2015, 43（5）: 55-57.

[26] 海帆. 社会学视野下 20 世纪 70 年代以来中国服饰变迁解析 [D]. 成都: 四川师范大学, 2015.

[27] 张竞琼, 许晓敏. 民国服装史料与研究方向 [J]. 服装学报, 2016（1）: 94-100.

[28] 崔莎莎, 胡晓东. 孔府旧藏明代男子服饰结构选例分析 [J]. 服饰导刊, 2016, 5（1）: 61-67.

[29] 蒋玉秋. 明代环编绣獬豸胸背技术复原研究 [J]. 丝绸, 2016, 53（2）: 43-50.

[30] 刘丽. 北大藏秦简《制衣》释文注释 [J]. 北京大学学报（哲学社会科学版）, 2017, 54（5）: 57-62.

［31］崔荣荣，宋春会，牛犁. 传统汉族服饰的历史变革与文化阐释［J］. 服装学报，2017，2（6）：531-535.

［32］张瑶瑶. 改革开发初期我国男装发展探究（1978—1989）［D］. 北京：北京服装学院，2017.

［33］蒋玉秋. 明代柿蒂窠织成丝绸服装研究［J］. 艺术设计研究，2017（3）：35-39.

［34］刘畅，刘瑞璞. 明代官袍标本"侧耳"结构的复原与分析［J］. 服饰导刊，2017，6（6）：57-62.

［35］刘畅. 明代官袍结构与规制研究［D］. 北京：北京服装学院. 2018.

［36］任石. 宋代文官的冠服等级：兼谈公服制度中侍从身份的凸显［J］. 文史，2019（4）：197-216+238.

［37］崔荣荣，牛犁，王志成. 汉族传统服饰文脉承扬与传播［J］. 服装设计师，2019（5）：112-117.

［38］杨友妮. 浅析传统戏曲文小生花褶装饰图案程式化特征［J］. 美术大观，2019（4）：102-103.

［39］张夫也，李鑫扬. 江户时代小袖形能剧戏服样式的美学结构探析［J］. 民族艺术研究，2020，33（6）：96-103.

［40］吕健，周坤. 孔府旧藏明代服饰中所见的纹样［J］. 旅游世界，2020（9）：80-83.

［41］蒋玉秋. 明代织成服装用料类型研究［J］. 艺术设计研究，2020（5）：42-49.

［42］蒋玉秋，王淑娟，杨汝林. 嘉兴王店李家坟明墓出土圆领袍复原研究［J］. 丝绸，2020，57（5）：53-61.

［43］庄英博. 陌上花又开："衣冠大成——明代服饰文化展"展览简述［J］. 文物天地，2020（12）：6-10.

［44］崔荣荣. 中华服饰文化研究述评及其新时代价值［J］. 服装学报，2021，6（1）：53-59.

［45］钟国文. 博物馆"让文物活起来"的研究现状与展望［J］. 客家文博，2021（2）：23-31.

后记

2021年4月23日，"国丝服饰论坛"在中国丝绸博物馆银瀚厅举行。本次论坛邀请国内服饰史研究领域的著名专家学者齐聚国丝，共有13位讲者从服饰史研究的方法和不同历史阶段及地域的服饰研究方面发表学术报告。论坛吸引了众多服饰研究专业人士及传统服饰爱好者听会。

会后，由北京服装学院蒋玉秋老师将每位讲者的发言录音整理成文字资料，再由各位讲者重新将文字编写整理，形成12篇论文。只是李当岐老师的报告未能收录进本书，较为遗憾。在此，对作报告及撰文的各位专家学者表示诚挚的感谢！

同时，为便于读者对服饰史相关资料的查询，由北京服装学院蒋玉秋老师及温州大学王业宏老师整理出本书中各篇论文所引用、提及和参考的中外文献，附于文后，作为附录。附录分为古代论著、近现代论著、考古报告或简报和期刊论文四个部分，其中近现代论著中又分为国内论著和国外论著。感谢蒋玉秋和王业宏两位老师的大力协助。

本书由中国丝绸博物馆赵丰担任主编，王淑娟担任副主编。赵丰策划了论坛的整体方案，负责作者的邀请、报告题目的排定及论文集的版式确定；王淑娟负责与各位讲者具体对接，收集整理各篇论文资料，与出版社对接设计排版等事宜。

东华大学出版社负责本书的编辑出版，感谢出版社张力月老师及相关老师不厌其烦地排版、修改及校对。为了使读者获得更佳的阅读效果，本书尽力将书中配图放大，几次调整排版形式，最终确定选用尺寸适中的小 16 开本，书本封面也由繁复的设计转为简洁的风格。

最后，感谢对本次国丝服饰论坛予以支持的其他专家，感谢协助论坛举办的国丝同事，以及傅兰清对论坛所做的会务工作，也感谢广大读者及一直以来支持国丝的各位朋友们。

编者

2022 年 9 月 6 日